微课学短视频特效制作

刘明秀 / 编著

清华大学出版社

北京

内容简介

短视频创作的门槛比较低，技术要求相对不高，自带互联网传播的大众属性，因而聚合了大量的 UGC，并由此开启了内容创作领域的流量时代。流量转化让短视频产生了商业价值，并成为新时代背景下不同的文化展示和交流路径。

本书从短视频创作的基础理论出发，全面介绍了短视频的前期拍摄、后期制作的方法和技巧，使读者能够轻松掌握短视频的创作方法。全书共 6 章，包括短视频概述、短视频拍摄设备与构图、短视频拍摄方法与元素、使用《抖音》拍摄制作短视频、使用《剪映》制作短视频和使用 Premiere 制作短视频等内容。

本书配套资源提供了本书所有实例的素材和源文件，还提供了所有实例的教学视频和 PPT课件，以帮助读者轻松掌握短视频的拍摄与后期编辑制作方法，让新手从零起飞。

本书案例丰富、讲解细致，注重激发读者兴趣并培养动手能力，适合作为想要从事短视频创作的人员或短视频爱好者的参考手册。

图书在版编目（CIP）数据

微课学短视频特效制作 / 刘明秀编著. -- 北京：
清华大学出版社，2025. 2. -- ISBN 978-7-302-68143-4

Ⅰ. TP317.53

中国国家版本馆CIP数据核字第2025WX8235号

责任编辑：张　敏
封面设计：郭二鹏
责任校对：胡伟民
责任印制：曹婉颖

出版发行：清华大学出版社
　　　　　网　　　　　址：https://www.tup.com.cn，https://www.wqxuetang.com
　　　　　地　　　　　址：北京清华大学学研大厦A座　　　邮　　编：100084
　　　　　社　　总　　机：010-83470000　　　　　　　　邮　　购：010-62786544
　　　　　投稿与读者服务：010-62776969，c-service@tup.tsinghua.edu.cn
　　　　　质　量　反　馈：010-62772015，zhiliang@tup.tsinghua.edu.cn
　　　　　课　件　下　载：https://www.tup.com.cn，010-83470236
印　装　者：北京博海升彩色印刷有限公司
经　　销：全国新华书店
开　　本：170mm×240mm　　　印　　张：15　　　字　　数：380千字
版　　次：2025年4月第1版　　　印　　次：2025年4月第1次印刷
定　　价：79.80元

产品编号：090146-01

前言

短视频具有年轻化、去中心化的特点，每个人都可以成为短视频主角，很符合当下年轻人自我、个性化的特点。因此，短视频具有非常高的用户黏性，人们很容易沉浸其中。此外，从众心理也使得短视频成为一种流行，仿佛不看短视频就跟不上时代、没有共同语言一样。

随着移动终端的普及和网络的提速，短、平、快的大流量传播内容逐渐获得各大平台、粉丝和资本的青睐。对于没有接触过短视频创作的用户来说，如何才能够进入短视频创作领域呢？本书从短视频创作的基础理论出发，全面介绍了短视频的前期拍摄与后期制作技巧，使读者能够轻松掌握短视频的创作方法。

本书内容

本书从实用的角度，全面、系统地讲解了短视频基础、拍摄和后期制作的理论知识和实践操作方法，将理论与实践相结合，使读者更加直观地理解所学的知识，让学习更轻松。本书内容安排如下。

第 1 章 短视频概述，主要介绍有关短视频的相关基础知识，包括短视频简介、短视频的信息传播优势、优质短视频创作技巧、短视频创作趋势、短视频创作流程及短视频的未来发展等内容，使大家对短视频这种内容形态有更多的了解和认识。

第 2 章 短视频拍摄设备与构图，主要介绍有关短视频素材拍摄与构图的相关基础知识，包括素材拍摄的相关设备、短视频拍摄的原则与要点、画面的构图方法、画面的构图形式及拍摄画面的景别等内容，使大家对短视频素材拍摄的设备和画面构图有所了解。

第 3 章 短视频拍摄方法与元素，主要介绍有关短视频拍摄方法和拍摄元素的相关知识，包括短视频拍摄的运镜方式、拍摄的主体、拍摄的陪体、拍摄的环境、拍摄的画面留白、画面的光线、画面的色彩及画面的影调等内容，使读者能够理解并掌握短视频素材的拍摄方法和技巧。

第 4 章 使用《抖音》拍摄制作短视频，以《抖音》短视频平台为例，讲解短视频的拍摄、剪辑与效果处理，以及短视频封面的设置和短视频发布等相关内容，使读者能够理解并掌握使用《抖音》进行短视频拍摄与效果剪辑的方法和技巧。

第 5 章 使用《剪映》制作短视频，主要介绍手机中常用的短视频剪辑软件《剪映》，它是《抖音》官方的全免费短视频剪辑处理应用，为用户提供了强大且方便的短视频后期剪辑处理功能，并且能够直接将剪辑处理后的短视频分享到《抖音》和《西瓜》短视频平台。

第 6 章 使用 Premiere 制作短视频，主要介绍 Premiere 软件的基本操作方法及各部分的重要功能，重点在于让读者掌握使用 Premiere 对短视频进行后期编辑处理和特效制作的方法。

本书特点

本书立足于高校教学，与市场上的同类图书相比，在内容的安排与写作上具有以下特点。

（1）实用性强。本书内容采用"理论知识＋实践操作"的架构，详细介绍了短视频的策划、拍摄和后期剪辑制作的方法与技巧，讲解循序渐进，将理论与实践相结合，帮助读者更好地理解理论知识并掌握实际操作能力。

（2）实操性强。本书注重理论知识与实践操作的紧密结合，从移动端短视频剪辑制作到 PC 端短视频剪辑制作，从短视频制作 App 到专业的视频编辑软件 Premiere 的使用，突出"以应用为主线，以技能为核心"的编写特点，体现"学做合一"的思想。

（3）图解教学。本书采用图文相结合的方式进行讲解，以图析文，使读者在理解理论知识的过程中更加直观，在实例操作过程中更清晰地掌握短视频的编辑与制作方法及技巧。同时，本书还提供了丰富的案例素材源文件、教学视频和 PPT 课件，读者扫描下方二维码可下载获取。帮助读者更好地学习并掌握本书所讲解的内容。

素材源文件

教学视频

PPT 课件

本书读者

本书内容讲解全面深入，结构安排循序渐进，适合正准备学习短视频创作的初、中级学者。本书充分考虑到初学者可能遇到的困难，通过案例制作的方式帮助初学者理解所学知识，提高学习效率。

本书由刘明秀编著，由于时间较为仓促，书中难免有疏漏和不足之处，恳请广大读者朋友批评、指正。

编者

2024 年 8 月

目录

第 1 章　短视频概述 001

1.1　了解短视频 001

　　1.1.1　短视频简介 001

　　1.1.2　主流的短视频平台 003

　　1.1.3　短视频的创作方式 005

　　1.1.4　短视频营销 006

1.2　短视频的信息传播优势 009

　　1.2.1　信息传播更高效 009

　　1.2.2　互动更便捷 013

　　1.2.3　信息扩展范围更广 014

　　1.2.4　人气聚集更快 015

　　1.2.5　降低企业管理成本 017

1.3　优质短视频创作技巧 017

　　1.3.1　短视频标题要能够吸引眼球 017

　　1.3.2　短视频画面要清晰 018

　　1.3.3　短视频内容能够提供价值或趣味 018

　　1.3.4　音乐与短视频内容相匹配 019

　　1.3.5　注重短视频细节处理 019

1.4　短视频创作趋势 019

　　1.4.1　原创短视频 019

　　1.4.2　内容差异化 020

　　1.4.3　定制化短视频 021

　　1.4.4　社交化短视频 021

1.5　短视频创作流程 022

　　1.5.1　项目定位 022

　　1.5.2　剧本编写 022

　　1.5.3　前期拍摄 022

  1.5.4 后期制作 023
  1.5.5 发布与运营 023
 1.6 短视频的未来发展 024
 1.7 本章小结 025
 1.8 课后练习 025

第2章 短视频拍摄设备与构图 026
 2.1 素材拍摄的相关设备 026
  2.1.1 拍摄设备 027
  2.1.2 稳定设备 029
  2.1.3 收音设备 030
  2.1.4 灯光设备 031
  2.1.5 其他辅助设备 033
 2.2 短视频拍摄的原则与要点 034
 2.3 画面的构图方法 036
  2.3.1 中心构图 036
  2.3.2 三分线构图 036
  2.3.3 九宫格构图 037
  2.3.4 黄金分割构图 037
  2.3.5 前景构图 038
  2.3.6 框架构图 038
  2.3.7 光线构图 039
  2.3.8 透视构图 039
  2.3.9 景深构图 040
 2.4 画面的构图形式 040
  2.4.1 静态构图 040
  2.4.2 动态构图 040
  2.4.3 封闭式构图 041
  2.4.4 开放式构图 041
 2.5 拍摄画面的景别 042
 2.6 本章小结 044
 2.7 课后练习 045

第3章 短视频拍摄方法与元素 046
 3.1 短视频拍摄的运镜方式 046
  3.1.1 拍摄的角度 047
  3.1.2 固定镜头拍摄 049
  3.1.3 运动镜头的形式 050

3.2　拍摄的主体 ･････････････････････････････････････ 052
　　3.2.1　主体的作用 ･･･････････････････････････ 053
　　3.2.2　主体的表现方法 ･･･････････････････････ 053
3.3　拍摄的陪体 ･･･････････････････････････････････ 055
　　3.3.1　陪体的作用 ･･･････････････････････････ 055
　　3.3.2　陪体的表现方法 ･･･････････････････････ 056
3.4　拍摄的环境 ･･･････････････････････････････････ 056
　　3.4.1　前景 ･･･････････････････････････････････ 056
　　3.4.2　背景 ･･･････････････････････････････････ 057
3.5　拍摄的画面留白 ･････････････････････････････ 058
　　3.5.1　留白的作用 ･･･････････････････････････ 058
　　3.5.2　留白的表现方法 ･･･････････････････････ 059
3.6　画面的光线 ･･･････････････････････････････････ 059
　　3.6.1　光线的作用 ･･･････････････････････････ 059
　　3.6.2　光的性质 ･･･････････････････････････････ 061
　　3.6.3　光的方向 ･･･････････････････････････････ 061
　　3.6.4　光的造型 ･･･････････････････････････････ 063
3.7　画面的色彩 ･･･････････････････････････････････ 064
　　3.7.1　色彩的基本属性 ･･･････････････････････ 064
　　3.7.2　色彩的造型功能 ･･･････････････････････ 065
　　3.7.3　色彩的情感与象征意义 ･･･････････････ 066
3.8　画面的影调 ･･･････････････････････････････････ 067
　　3.8.1　亮调 ･･･････････････････････････････････ 067
　　3.8.2　暗调 ･･･････････････････････････････････ 068
　　3.8.3　中间调 ･･･････････････････････････････････ 068
3.9　本章小结 ･･･････････････････････････････････････ 069
3.10　课后练习 ･･･････････････････････････････････････ 069

第 4 章　使用《抖音》拍摄制作短视频 ･････････････ 070
4.1　使用《抖音》的拍摄功能 ･･･････････････････ 070
　　4.1.1　拍摄短视频 ･･･････････････････････････ 071
　　4.1.2　使用拍摄辅助工具 ･･･････････････････ 072
　　4.1.3　使用道具 ･･･････････････････････････････ 075
　　4.1.4　分段拍摄 ･･･････････････････････････････ 076
　　4.1.5　分屏拍摄 ･･･････････････････････････････ 078
　　4.1.6　使用"拍同款"功能制作短视频 ･･･････ 079
4.2　在《抖音》中导入素材 ･･･････････････････････ 081
　　4.2.1　导入手机素材 ･･･････････････････････････ 081

4.2.2 使用"一键成片"功能制作短视频 081
4.3 丰富短视频效果 083
4.3.1 选择背景音乐 083
4.3.2 视频剪辑 085
4.3.3 裁剪视频 087
4.3.4 添加文字 088
4.3.5 添加贴纸 090
4.3.6 发起挑战 091
4.3.7 添加特效 091
4.3.8 添加滤镜 092
4.3.9 使用画笔 093
4.3.10 自动字幕 094
4.3.11 画质增强 094
4.3.12 变声效果 094
4.4 短视频封面设置与发布 095
4.4.1 设置短视频封面 095
4.4.2 发布短视频 096
4.4.3 制作旅行分享短视频 097
4.5 本章小结 101
4.6 课后练习 101

第 5 章 使用《剪映》制作短视频   103
5.1 认识《剪映》工作界面 103
5.1.1 创作区域 104
5.1.2 试试看 112
5.1.3 本地草稿 113
5.1.4 功能操作区域 115
5.1.5 视频剪辑界面 115
5.2 素材剪辑基础 117
5.2.1 导入素材 118
5.2.2 视频显示比例与背景设置 121
5.2.3 粗剪与精剪 123
5.2.4 添加音频 125
5.2.5 音频素材剪辑与设置 128
5.2.6 制作美食宣传短视频 131
5.3 《剪映》中的 AI 创作功能 139
5.3.1 图文成片 139
5.3.2 AI 商品图 142
5.3.3 营销成片 144

　　　　5.3.4　AI 作图 ……………………………………………………… 148

　　　　5.3.5　AI 特效 ……………………………………………………… 150

　　5.4　短视频效果的添加与设置 ……………………………………… 151

　　　　5.4.1　变速效果 …………………………………………………… 151

　　　　5.4.2　画中画 ……………………………………………………… 154

　　　　5.4.3　添加文本和贴纸 …………………………………………… 156

　　　　5.4.4　添加滤镜 …………………………………………………… 161

　　　　5.4.5　添加特效 …………………………………………………… 162

　　　　5.4.6　视频调节 …………………………………………………… 164

　　　　5.4.7　美颜美体 …………………………………………………… 165

　　　　5.4.8　制作旅行短视频 …………………………………………… 166

　　5.5　本章小结 ………………………………………………………… 174

　　5.6　课后练习 ………………………………………………………… 174

第 6 章　使用 Premiere 制作短视频 ……………………………… 176

　　6.1　Premiere 基础操作 ……………………………………………… 176

　　　　6.1.1　Premiere 工作界面 ………………………………………… 177

　　　　6.1.2　创建项目和序列 …………………………………………… 179

　　　　6.1.3　导入素材 …………………………………………………… 181

　　　　6.1.4　保存与输出操作 …………………………………………… 181

　　6.2　Premiere 中的素材剪辑操作 …………………………………… 182

　　　　6.2.1　监视器窗口 ………………………………………………… 182

　　　　6.2.2　素材剪辑操作 ……………………………………………… 184

　　　　6.2.3　视频剪辑工具 ……………………………………………… 185

　　　　6.2.4　修改视频素材的播放速率 ………………………………… 186

　　　　6.2.5　创建其他常用的视频元素 ………………………………… 187

　　6.3　效果设置 ………………………………………………………… 190

　　　　6.3.1　"效果控件"面板 ………………………………………… 190

　　　　6.3.2　制作分屏显示效果 ………………………………………… 191

　　6.4　输入并设置文字 ………………………………………………… 197

　　　　6.4.1　创建文字图形对象 ………………………………………… 197

　　　　6.4.2　制作文字遮罩片头 ………………………………………… 198

　　6.5　应用视频效果 …………………………………………………… 202

　　　　6.5.1　添加视频效果 ……………………………………………… 202

　　　　6.5.2　编辑视频效果 ……………………………………………… 204

　　　　6.5.3　认识常用的视频效果组 …………………………………… 205

　　　　6.5.4　为视频局部添加马赛克 …………………………………… 208

　　6.6　应用视频过渡效果 ……………………………………………… 211

　　　　6.6.1　添加视频过渡效果 ………………………………………… 211

　　　　6.6.2　编辑视频过渡效果 211
　　　　6.6.3　认识视频过渡效果 214
　　　　6.6.4　视频过渡效果插件 216
　　　　6.6.5　制作体育运动宣传短视频 217
　　6.7　本章小结 229
　　6.8　课后练习 229

第 1 章
短视频概述

　　短视频作为一种新兴的互联网内容传播方式，以其独特的特点和优势在数字媒体领域取得了显著发展。随着技术的不断进步和市场的不断扩大，短视频行业将继续保持强劲的发展势头。

　　本章将向大家介绍短视频的相关基础知识，包括短视频简介、短视频的信息传播优势、优质短视频创作技巧、短视频创作趋势、短视频创作流程及短视频的未来发展等内容，使大家对短视频这种内容形态有更多的了解和认识。

学习目标

1. 知识目标
- 理解什么是短视频及短视频的主要特点。
- 了解主流短视频平台。
- 了解短视频营销。
- 理解短视频的信息传播优势主要表现在哪些方面。
- 了解短视频创作趋势。
- 了解短视频的未来发展。

2. 能力目标
- 理解短视频创作的 3 种方式。
- 理解优质短视频创作技巧。
- 理解并掌握短视频创作流程。

3. 素质目标
- 具备良好的职业道德意识，遵守职业规范，具备高度的责任感和敬业精神。
- 具备继续学习和适应职业变化的能力，以应对不断变化的行业需求和技术革新。

1.1　了解短视频

　　5G 时代已经到来，短视频作为内容传播的形式之一，将成为 5G 时代下的重要社交语言。同时，短视频与长视频的交融共生将成为视频行业的发展趋势。

1.1.1　短视频简介

　　短视频是指在各种新媒体平台上播放的、适合在移动状态和短时休闲状态下观看的、高频推送的视频内容，时长通常从几秒到几分钟不等。这种视频形式具有生产流程简单、制作门槛低、参与性强等特点。

短视频的特点主要表现在以下几个方面。

1. 简洁明了

短视频的最大特点是时间短，必须尽快吸引观众的注意力并传递信息。它通过迅速展示核心信息，省去冗长的叙述，以最简单的方式传达主要内容。

2. 内容精确

由于时间限制，短视频要尽量集中精华，不容有丝毫浪费。通过深思熟虑，将回答问题的步骤、展示产品的特点、传达信息的关键点等进行精心策划和整合，让观众在短时间内获得最大的信息价值。

3. 视频形式多样

短视频不仅仅是简单地把视频片段拼接起来展示，还可以使用多样的表现形式，如动画、特效、快速剪辑、跳跃式剪辑等，增加视频的趣味性。

4. 追求美感

短视频非常注重画面的美感和观赏性。借助摄影、剪辑、配乐、调色等手法，短视频能够营造出独特的视觉体验，给观众留下深刻印象。

5. 创意突破

短视频中的创意是吸引观众的关键。通过独特的故事情节、有趣的角度、搞笑元素、情感表达等，短视频能够创造出新奇、有趣的视觉体验，激发观众的分享欲望。

6. 轻松和娱乐性

短视频一般以轻松、愉悦的主题为主，旨在给观众带来欢笑和放松。无论是搞笑视频、萌宠视频还是音乐舞蹈视频，都追求娱乐性。

7. 社交属性强

短视频具备方便快捷的社交分享功能，观众可以将自己喜欢的短视频分享到社交媒体平台上，与朋友互动、讨论或产生共鸣。

8. 移动终端优势

由于短视频在移动终端上的播放优势，更容易吸引用户。观众可以在任何时间、任何地点通过手机或平板电脑观看短视频。

图 1-1 所示为精美的短视频效果。

图 1-1　精美的短视频效果

> **提示**
>
> 2019 年 1 月 9 日，中国网络视听节目服务协会发布《网络短视频平台管理规范》和《网络短视频内容审核标准细则》。

1.1.2　主流的短视频平台

在移动互联网的浪潮中，短视频领域已跃升为各大企业竞相争夺的盈利新高地。短视频背后所蕴含的庞大商业价值如同肥沃的土壤，催生了网络短视频的蓬勃发展，使其如绚丽的花朵般遍地绽放。如今，短视频平台如雨后春笋般不断涌现，以多样化的内容和创新的形式呈现在大众眼前，为人们带来了前所未有的视听盛宴。

1. 抖音

抖音作为一款领先的短视频平台，以其独特的竖屏小视频形式脱颖而出。抖音以其年轻、时尚、高颜值的关键词吸引了大量用户，成为当下年轻人展示自我、追求潮流的重要平台。作为短视频领域的超级 App，抖音不仅在用户量级上占据显著优势，更在相关后端服务上展现出强大的实力。无论是内容推荐算法的精准度，还是视频处理技术的优化，抖音都为用户提供了流畅、高效的短视频体验。这使得抖音在竞争激烈的短视频市场中独树一帜，成为众多用户的首选平台。

图 1-2 所示为抖音图标与 PC 端首页。

图 1-2　抖音 App 图标与 PC 端首页

2. 快手

快手同样是一个备受欢迎的短视频平台，其以竖屏小视频为主打形式，在短视频领域中稳居第二的位置，成为了一个极具影响力的平台。对于那些热爱生活、乐于分享的博主来说，快手无疑是一个值得尝试的舞台。平台对于创作者的支持力度十分显著，不仅提供了丰富的创作工具和功能，还通过多种方式为优秀的内容创作者提供曝光机会，助力他们实现梦想。因此，如果你是一位热爱生活、富有创造力的博主，不妨尝试一下快手，让你的才华在这里得到更好的展现。

图 1-3 所示为快手图标与 PC 端首页。

图 1-3　快手 App 图标与 PC 端首页

3. 西瓜视频

西瓜视频作为短视频领域的佼佼者，正逐渐展现出向长视频领域拓展的雄心壮志。其用户群体以"80 后"和"90 后"为主力军，他们追求高品质、多元化的视听体验。西瓜视频的内容频道异常丰富，涵盖了影视、游戏、音乐、美食、综艺等五大主流领域，这些频道占据了平台半数以上的视频量。无论是热门的电影电视剧集，还是热门游戏的精彩解说，抑或是动人的音乐 MV 和美食教程，甚至是综艺节目中的精彩片段，用户都能在西瓜视频上找到满足自己需求的优质内容。这种多元化的内容布局，使得西瓜视频在短视频领域独树一帜，吸引了大量用户的关注和喜爱。

图 1-4 所示为西瓜视频图标与 PC 端首页。

图 1-4　西瓜视频 App 图标与 PC 端首页

4. 哔哩哔哩

哔哩哔哩简称 B 站，是一个独具特色的垂直领域视频网站，专注于深耕二次元文化，为热爱这一领域的用户提供了丰富的精神食粮。其主要视频呈现方式为横屏与短视频，满足了用户在不同场景下的观看需求。B 站的用户黏性极高，主要聚集着"90 后"和"00 后"这两代深受二次元文化影响的年轻人。他们热爱动漫、游戏、音乐等多元文化，对 B 站上的内容保持着极高的热情与参与度。

图 1-5 所示为哔哩哔哩图标与 PC 端首页。

图 1-5　哔哩哔哩 App 图标与 PC 端首页

5. 微视

微视，作为腾讯旗下的短视频翘楚，专注于竖屏小视频的创作与分享。微视以其简洁直观的界面和流畅的操作体验，让用户在短时间内就能轻松上手，无论是创作还是浏览，都能让用户感受到前所未有的便捷与愉悦。

对于那些希望在短视频领域寻求更多发展机会的用户来说，微视无疑是一个值得尝试的辅助平台。它不仅能够为用户提供丰富的创作工具和资源，还能够通过智能推荐算法，将优质内容精准推送给目标受众，帮助用户快速积累粉丝和影响力。

图 1-6 所示为微视图标与 PC 端首页。

图 1-6　微视 App 图标与 PC 端首页

1.1.3　短视频的创作方式

短视频的创作方式可以精妙地划分为三大类别：首先是用户生成内容（User Generated Content，UGC），这一类别源于广大普通用户的创意与热情，他们通过个人视角，捕捉并分享生活中的点滴精彩；其次是专业用户生成内容（Professional User Generated Content，PUGC），这一领域汇聚了具备专业技能和独到见解的用户，他们运用专业知识和技能，创作出高质量、有深度的短视频作品；最后是专业生产内容（Professional Generated Content，PGC），这一板块则是由专业的影视制作团队或机构精心打造，凭借丰富的资源和专业的技术，呈现出更为精致、专业的短视频内容。这 3 种模式共同构成了短视频创作的多元生态，满足了不同观众群体的需求。

3 种短视频创作方式的特点如表 1-1 所示。

表 1-1　3 种短视频创作方式的特点

UGC	PUGC	PGC
• 成本低，制作简单； • 商业价值低； • 具有很强的社交属性	• 成本较低，有编排，有人气基础； • 商业价值高，主要靠流量盈利； • 具有社交属性和媒体属性	• 成本较高，专业和技术要求较高； • 商业价值高，主要靠内容盈利； • 具有很强的媒体属性

UGC：短视频平台的普通用户自主创作并上传内容，普通用户是指非专业个人生产者。

PUGC：短视频平台的专业用户创作并上传内容，专业用户是指拥有粉丝基础的"网红"，或者拥有某一领域专业知识的关键意见领袖。

PGC：专业机构创作并上传内容。

1.1.4　短视频营销

从本质和效果上讲，长视频与短视频在核心功能上并无显著区别，相较于其他传播媒介，它们均具备无可比拟的吸引力，能够迅速凝聚大批粉丝群体。因此，视频迅速崛起，成为企业、网络红人及自媒体运营者争相采纳的主要宣传媒介。实际上，短视频只是视频营销这一庞大领域中的一个细分类型，在深入探索短视频营销之前，首先来了解一下视频营销。

视频营销，即广告主将精心制作的各类视频投放到互联网各大播放平台上，以实现特定的宣传目标。这种营销手段形式多样，包括电视广告、网络视频、宣传片、微电影等多种方式，而近年来，直播更是成为视频营销中的一股新势力。

视频直播的兴起不仅催生了一批备受瞩目的"达人"，更为众多企业带来了"网红"般的影响力，使其在竞争激烈的市场中脱颖而出。

小米品牌每次推出新的产品都会在线上进行新品发布直播，并且雷军会亲自进行新品的发布直播，实为增强与粉丝的互动。图 1-7 所示为小米抖音官方旗舰店，主要是对小米品牌的产品进行介绍和直播带货。

图 1-7　小米在抖音平台的短视频和官方直播间

随着短视频社区和平台的井喷式增长，越来越多的企业开始尝试利用短视频这一新兴媒介来塑造品牌形象、推广产品，并吸引更多潜在客户的目光。在视频营销领域，互联网企业无疑是先行者。腾讯、京东、淘宝等巨头纷纷开通自己的直播平台或借助第三方平台开展视频直播，通过实时互动和精彩内容吸引用户，进而促进消费增长。

与此同时，众多传统企业也紧跟潮流，积极布局短视频领域。这些企业通过开设短视频官方账号，每日推送高质量的内容，不仅成功吸引了大量粉丝的关注和喜爱，还在此基础上对品牌、商品资源进行了巧妙的整合和包装，进一步提升了传播效果。如今，通过短视频官方账号提供优质内容，进而整合、包装品牌、商品资源并进行传播，已成为众多企业运用短视频营销的重要策略之一。

海底捞结合时下最热的短视频，直接进行产品和服务营销，通过短视频的方式向用户介绍海底捞的各种产品、活动、服务，以及一些创意吃法，让顾客在家也能学会多种吃法，享受多种美味。图 1-8 所示为海底捞在抖音平台的官方账号。

图 1-8　海底捞在抖音平台的官方账号

短视频凭借其短小精悍、互动性强及灵活多变的特点，正逐步崛起为企业自我宣传的利器。消费者则因其便捷性和趣味性，对这种互动方式情有独钟。因此，短视频营销无疑将在未来成为营销领域的主流与趋势。从小米、淘宝等创新型企业，到海底捞等传统企业，它们都已经通过一系列成功的案例，完美诠释了营销界的新观点："在社交媒体多元化的大潮中，品牌的商业化信息推广与用户对于社交平台所需的信息并非相互排斥，而是可以和谐共存的。"这些案例不仅展现了短视频营销的巨大潜力，也预示着短视频将成为品牌与用户之间沟通的重要桥梁。

有些企业也开始与短视频达人进行合作，通过他们的短视频进行品牌的深度植入，通过其高人气和影响力传递出品牌的核心信息。最重要的是，这些达人经过优质视频内容的长期输出，让用户养成"追剧"习惯的同时，也形成了更强烈的感性互动，他们与客户更像是明星与粉丝的关系，在亲和力上使他们对粉丝的影响力和渗透力都相比"大 V"有过之而无不及。可见，目前已经有很多企业开始步入短视频营销，并取得了不凡的成果。那么，短视频对企业营销的推动作用有哪些呢？具体来说，表现在以下 3 个方面。

1. 时效性强

短视频的一大显著优势在于其信息的即时发布特性。一旦一条充满创意的短视频问世，其影响力能在极短的时间内迅速扩散，犹如涟漪般波及互联网的每个角落，被无数用户争相转发。正是基于这种无与伦比的实时性，众多企业在品牌传播与推广时，纷纷选择将当前企业与消费者之间发生的精彩瞬间、消费者亲身参与的互动（如企业线下活动盛况），以及那些能够深刻体现企业经营文化、品牌核心理念的故事，通过短视频这一媒介进行快速而精准的传递。这不仅有效激发了消费者的共鸣，更引发了他们热烈的评论与互动，从而进一步加深了品牌与消费者之间的情感连接。图 1-9 所示为极氪汽车的短视频营销广告。

图 1-9 极氪汽车在抖音平台发布的短视频营销广告

2. 传播范围广

企业短视频仅凭自己的力量难以实现信息的快速扩散，即使拥有众多关注者，其影响范围可能也比较有限。因此，必须由关注者对信息进行转发或再次传播，传播的级数越多，产生的影响力就越大，这就是企业短视频营销点对面模式的效果。而企业短视频营销点对点模式是：企业可以通过短视频跟自己的任何一位粉丝进行交流，并对其提出的问题通过沟通得到解决。图 1-10 所示为短视频下的评论留言。

图 1-10 短视频下的评论留言

3. 易接受性

借助短视频这一媒介，企业能够实现与消费者的"面对面"深度交流与沟通。在品牌营销的征程中，企业巧妙地运用短视频，通过精心策划的互动话题或活动，以碎片化的形式深入渗透到消费者的日常生活中。这种短视频营销方式巧妙地弱化了企业的商业色彩，使企业以倾听者的姿态，更加贴近消费者的内心世界，从而在互动与沟通中建立起一种坚实且可信赖的关系。

1.2　短视频的信息传播优势

短视频以其独树一帜的呈现形式，不仅传播迅速，更以高曝光度瞩目于众。相较于其他媒体形态，其低成本运营的特性更是独树一帜。这一系列优势，使得短视频在构建企业营销渠道、开拓更广阔的市场，以及深化客户黏性方面，都展现出了巨大的推动作用。短视频不仅为企业营销注入了新的活力，更为其市场拓展提供了强有力的支撑，使得企业在竞争激烈的市场环境中脱颖而出。

1.2.1　信息传播更高效

内容的呈现形式繁多，涵盖了文字、图片、声音等多种元素，然而传统的呈现方式往往局限于单一的形式。随着人们阅读习惯的转变和阅读时间的碎片化，单一的文字、图片或声音信息已难以满足现代人的阅读需求。相反，综合性内容因其丰富性和多样性，正逐渐受到大众的青睐。

从信息传播的角度来看，文字可以组合、图片可以修改、声音可以配音，但短视频以其真实场景和时效性为基础，展现了独特的传播价值。尤其是直播这一形式，使得观众与观众之间、主播与观众之间能够进行实时的互动交流，这种真实、直接的体验是其他媒介所无法比拟的。

从市场供求的角度来看，短视频的优势也恰恰迎合了现代人的阅读心理。它充分利用了人们的碎片化时间，让人们在忙碌的生活中也能轻松获取信息，享受阅读的乐趣。因此，短视频迅速融入人们的生活、工作和学习中，成为了年轻人追捧的新宠。

短视频是互联网时代、移动互联网时代信息传播的重要形式，是伴随着数字视频技术不断完善而发展起来的。传统的传播方式大都是一看即过，很难给人留下深刻的印象，但短视频彻底颠覆了这一点。尽管只有很短的几分钟，甚至是几十秒、几秒，但由于其独特的呈现形式，往往会让人印象深刻。那么，短视频是以什么形式来向大众传播信息的呢？经总结有以下 5 种。

1. 以"说"为主

"说"是信息传播最主要的一种形式，在短视频中因能说、会说、巧说而被大众熟知的人非常多。提到"说"，就不得不提到自媒体视频脱口秀《罗辑思维》的主讲人罗振宇，他是因能说、会说而成名的代表。他表现自己"说"的能力的主战场就是一些自媒体平台，如公众号、抖音等。图 1-11 所示为罗振宇在抖音平台的账号及发布的相关短视频。

靠"说"成名靠的就是语言，就像靠写作成名一样，只不过一个是文字，一个是语言。相对而言，语言在情感表达方面更丰满，再适当地添加一些音效、配乐，更容易打动人。与写作相比，说更生动、更随性，不像文字那么刻板和严谨。对于想靠说成名的人来说，最难的地方莫过于说什么、怎么说？所以，在开始阶段，可以从说大家已乐于接受的现成内容开始，比如将网上流传的或最新的段子、最新的新闻、最新的评论说出来。如果想形成自己"说"的风格，就需要在说的过程中适当加上自己的观点，久而久之，慢慢地就会形成自己的风格。

图 1-11 罗振宇的抖音账号及发布的短视频

现在与"说"有关的短视频还有一个专业名词，称为音频媒体，很多人开始通过音频媒体表现自己"说"的能力。

2. 以"画"为主

在短视频中，以"画"来传递信息的案例非常多，形式上丰富多样，如动画、漫画、沙画、简笔画、映画等。较之于"说"需要一定的学识来做即兴表现，"画"需要的是文化的积累和技术的铺垫。当然，靠画出名并不是单纯地展示画技，而是要有一点噱头，以幽默、搞笑为主。所以，想走这条路的人一定要在这方面多思考、多下功夫。例如，知名绘画自媒体"潮绘师王大"，通过在各种物体上完成潮流绘画作品，精美的潮流绘画作品与搞笑的绘画过程相结合，深受粉丝欢迎。图 1-12 所示为"潮绘师王大"在抖音平台的账号及发布的相关短视频。

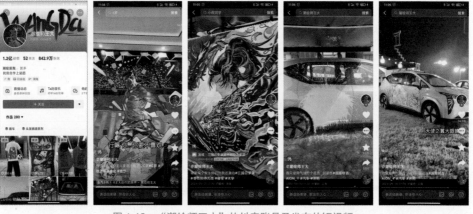

图 1-12 "潮绘师王大"的抖音账号及发布的短视频

3. 以"技"为主

通过短视频来展现自己的才艺，如唱歌、跳舞、厨艺等，因短视频给人的视觉效果更直观，可让你的一技之长得以全方位地呈现在观众面前，让内容得到淋漓尽致的体现。例如，"喊菜哥教做菜"，现在的粉丝数高达 400 多万，每条短视频平均都有近 10 万的播放量，由此可见用户对他的喜欢程度。在录制做菜视频时，他带有明显的湖南口音，加上说话快、大声，备受网友喜爱。在短短几十秒的视频中，他用这种奇特的风格让大家很容易就记住了做菜的关键步骤。所以，想展示自己才艺的朋友，可以依靠短视频这个平台迅速圈粉，并且找到一大批与自己有共同兴趣爱好的人。图 1-13 所示为"喊菜哥教做菜"在抖音平台的账号及发布的相关短视频。

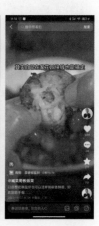

图 1-13 "喊菜哥教做菜"的抖音账号及短视频

4. 以"我"为主

自媒体的兴起给了普通人更多展示自我的机会，如模仿、恶搞等。通过自媒体平台，任何人都可以以任何方式去展现自我。短视频作为自媒体的一种主要工具，自然也成为很多人的首选。

展现自我，看似比较简单，实则很难；虽然门槛较低，但想要粉丝有持续的关注并不容易。展现自我需要有展示的东西，如短视频上有很多美女、靓男等，展示的是各自的长相，但因为内容单一，很容易造成用户的审美疲劳。

媒体平台的平民化和操作的便捷性，使得网络上各类"网红"越来越多，但随之而来的是网民的欣赏眼光也越来越高。现在不但要长得漂亮，还需要贴上与众不同的故事等一系列标签去感动大众，激励大众，让大众产生共鸣。从专业角度来说，他们可能并不是最优秀的，之所以出名是因为他们背后的故事所折射出来的精神。所以，他们一出现就迅速引起了大家的共鸣，大家在他们身上看到了自己的影子，看到了自己的过去、现在，看到了自己的梦想。

图 1-14 所示为以吉他弹唱展示为主的短视频，结合吉他教学，能够很好地吸引对吉他感兴趣的用户的关注。

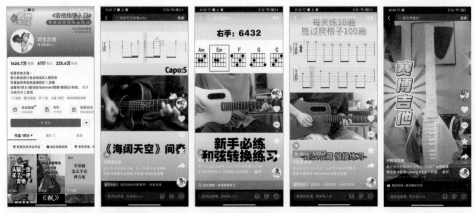

图 1-14　展示吉他弹唱的短视频

5. 以"测"为主

随着短视频行业的不断发展，短视频的种类不断丰富，各类测评类短视频也层出不穷，同样一款产品，你是愿意看详情购买下单，还是愿意看到测评结果下单，相信很多人都是会选择后者，这也是为什么测评类短视频这么火的原因。测评类短视频可以分为零食测评、电影测评、数码测评和美妆测评等。

所有的商品都有优点和不足，所谓评测，就是能够从该产品的外观、功能、使用体验等各个方面客观公正地描述自己的感受。一味地诉说它的优点而忽略它的缺点会显得不客观、不真实；一味地阐述它的缺点而不提起它的优点，则会让人觉得虚伪，别有用心。

图 1-15 所示为"老爸评测"在抖音平台的账号及发布的相关短视频，其账号在《抖音》平台的粉丝数量高达 2000 多万，可见其人气之高。在其发布的评测短视频中，通常会对日常生活中大家比较关心的产品进行评测，评测过程中通过试验、列举专业机构数据、展示专业媒体报道等多种形式，客观、公正地展现评测产品的功能、用途及优缺点等各个方面，深受粉丝欢迎。

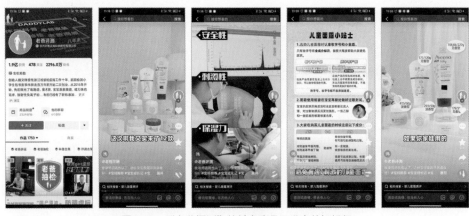

图 1-15　"老爸评测"的抖音账号及发布的短视频

1.2.2　互动更便捷

短视频之所以能火爆荧屏，主要原因在于它所承载的平台是一个开放式的平台，包括上传、互动、分享等，从而在视频上传者与观看者、分享者之间形成了一个完美的闭环。短视频闭环模式如图 1-16 所示。

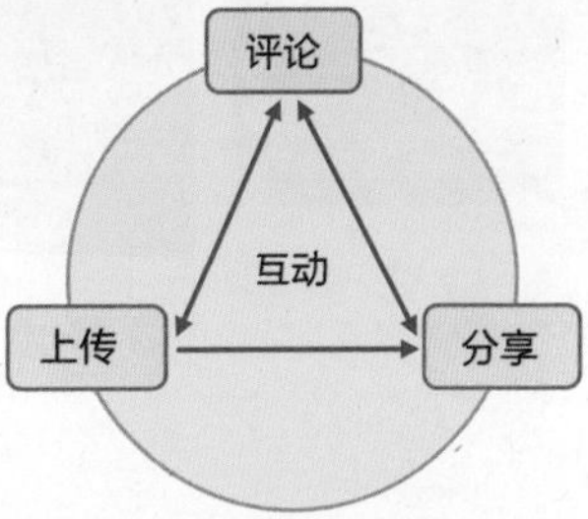

1. 上传者——上传

短视频平台的智能化使每一个人都有机会成为创作者与分享者，从被动接纳的角色转变成主人公。在这场转变的过程中，作为上传者，无论是企业还是个人，都可以在短视频社区或平台上自主地上传短视频文件，供用户在线观看或下载。当然，用户也可以根据自己所需自主选择是否观看或分享讨论。

图 1-16　短视频闭环模式示意

2. 观看者——评论

用户可以对看过的短视频发表自己的观点、看法或评论，与视频上传者或其他受众进行互动。随着弹幕技术的普及，短视频爱好者可以随时评论自己喜欢的视频，或者与视频上传者或其他网友展开互动。图 1-17 所示为旅拍 Vlog 短视频中的弹幕评论。

图 1-17　旅拍 Vlog 短视频中的弹幕评论

3. 分享者——分享、收藏

短视频社区或平台的开放性特征，让社交平台脱离"二元"，实现"多元"式发展，使自己融入整个互联网的生态系统中。短视频社区或平台的开放性决定了其必定是一个合格的营销工具，短视频的上传者只要有好的创意、好的产品、好的服务，就能够在这个大舞台上出色地"演出"，促使企业营销生态圈更加和谐地发展。

观看者在观看完视频之后，可以将自己感兴趣的，或者认为对自己以后有用的信息分享，分享到自己的短视频账号或转发给第三方。某些短视频由于受到粉丝的追捧，往

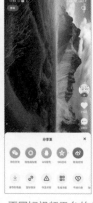

往会被很多人转发。目前，大多数短视频社区或平台开放路径已经逐渐清晰，基本上都具有分享到 QQ、微信好友、微信朋友圈、新浪微博的功能。图 1-18 所示为不同短视频平台的分享功能。

图 1-18　不同短视频平台的分享功能

在这个人人皆可成为自媒体的时代，潮流已势不可挡，短视频时代的来临更是将这一趋势推向了新的高度。只要你传递的信息真实可靠，只要你创作的内容能够触及人心，便能够拥有广泛传播的力量。对于企业而言，在营销过程中，要想让品牌信息触及更广泛的受众，就必须在内容创作上狠下功夫。只有当你的内容能够触动人心，能够引发共鸣，人们才会愿意成为你的传播者，将你的信息传播到更远的地方。因此，短视频时代，内容为王，只有优质的内容才能赢得市场的青睐。

1.2.3　信息扩展范围更广

短视频在传播速度上具有其他自媒体共有的特性，但范围更大、更快、更迅速。裂变式的传播其实是社交媒体的共性，微博、微信皆是如此，一条有价值的信息一经发布就有可能传播开来。到了短视频时代，它的传播力度更大。

短视频为什么会有如此大的传播力？这是由于其内容观赏性更佳，适用人群更广，老少皆可接受，比起微博、微信更易传播开来。此外，还在于其内部传播模式的不同。传统媒体的传播模式是点对面式的传播，而短视频则是点对点、点对面的双重传播模式。每一个短视频都不是单独存在的，而是依托于某个平台，在这个平台上聚集着大量的用户。如果把每个用户看成一个点，整个短视频平台就是将众多用户连接在一起的面，其中的任何两个用户都可以相互关注，这就是所谓的 N 对 N 传播模式。

在实际操作中，还应该把握一些技巧，主要是内容层面的，即发布的短视频本身要具有传播性。让短视频的内容具有传播性的技巧有以下两个方面。

1. 善于制造话题

交流的基础是制造话题，话题可以引起共鸣并促进人们之间更深层次的交流。例如，有人发布一条描述产品使用感受的短视频后，你可以进行转发，顺便发问"还记得自己第一次使用的感受吗？一起来说说吧！"总之，让别人看了你的短视频，无须经过太多思考就可以引起话题，越随意、越接地气的话题越好，因为有时候越随意越能拉近距离。

打造与普通人生活贴近的草根故事，有利于短视频舆论话题引导的有效进行。因为新媒体时代的舆论话题引导已经告别了自上而下的单向传播，而互动传播的本质即视角的平等。

图 1-19 所示为根据家庭日常生活琐事制作的短视频，诙谐幽默的对话和贴近生活的内容，能够很好地引起观众的共鸣。

图 1-19　贴近日常生活的幽默短视频

2. 善于激发粉丝的情绪

从视频制作到视频平台发布，短视频拉近了受众与发布者之间的距离，但是面对数以万计的粉丝，如何才能更好地引起粉丝的共鸣。粉丝不是一个具体的产品或品牌，而是一个有温度、有情绪的"人"，将粉丝的理性消费转化为感性消费，化心动为行动，从而支持发布者，产生视频归属感，并转化为点击或购买行为。一般来讲，喜悦、愤怒、焦虑的情绪更容易被传播，多数网络流行语都有这个特征，所以编辑短视频内容时要尽量符合这些特征。网红经济正在不断往内容方向偏移，网红们只有不断提供优质内容，才能提升自身流量和持续变现的能力。网红经济呈现出与内容经济相结合的趋势。如今，"产品需求"已不再是影响消费者决策的唯一因素。网红的兴起和发展，影响了一大部分消费者的决策。前期，颜值型和个性奇葩型网红风靡一时，并创造了颇为可观的价值。但随着红人经济的逐渐成熟和内容经济的兴起，纯靠高颜值和惊奇性将难以为继。

图 1-20 所示为果汁产品的宣传短视频，在短视频中不仅对产品的外包装进行了展示，还对果汁饮品的原材料进行了展示，体现出产品的新鲜与健康品质，吸引消费者的关注。

图 1-20　果汁产品的宣传短视频

1.2.4　人气聚集更快

与其他自媒体不同，短视频有着天然的强曝光度，这是因为短视频展示的内容以游戏、真人秀、搞笑为主；同时，用户以年轻的"80 后""90 后""00 后"为主，这些用户占比达到 80% 以上。

正是有了这一人群的关注，短视频社区或平台才得以有如此大的影响力、曝光度。那么，为什么说只有这一群体才能带动短视频社区或平台的人气呢？这是由这一代人固有的群体特征决定的，具体表现在以下 4 个方面。

1. 年轻粉丝活跃度更高

从垂直角度来看，由短视频 UGC 社交积累起来的粉丝群体，以"90 后""00 后"最为活跃，并且多是明星粉丝群体。不同类型短视频社区或平台的用户构成会因侧重点不同的直播内容，而吸引不同年龄、性别的用户。

2. 具有内容专业领域垂直粉丝

短视频内容与其他传播渠道相比，更多的是偏向某专业的垂直领域，如舞蹈、音乐、美妆、美食、精彩生活、时事热点等，各种各样的垂直领域催生了不同的粉丝。通过不同主题的直播，满足人们不同的需求。短视频平台上，从健身到美食、扎头发、手工艺、情感分析、星座、养生等 PGC 内容，应有尽有。而且，很多都有专业团队制作，已经进入到一个非常专业化、规范化的运作阶段。

在《西瓜视频》短视频平台上，划分了多种类型的垂直频道，各频道中只显示该类型的相关短视频内容，方便观众有选择地浏览，如图 1-21 所示。

3. 热爱新鲜事物，富有创造力

垂直类型的特点是深入探寻，平行类型的特点是多样化，而多样化的类型可以满足不同粉丝群体的需要，年龄的分化使得粉丝群的兴趣更加广泛，创造力也更加丰富，因此需要探索出更多的直播模式和创作内容。例如，原本非专业化且让人难以理解的演出方式，经过大众传播后变成了新的搞笑娱乐玩法，可以说互联网的节目和形式完全不受传统的拘束。

在《微视》短视频平台中专门设置了"短剧"频道，该频道中发布了多种不同类型的短剧，为用户带来不同类型的选择，如图 1-22 所示。

图 1-21　《西瓜视频》中划分了多个垂直频道

图 1-22　《微视》平台中设置的"短剧"频道

4. 喜欢社交，乐于分享

社交群体中需要一支中坚力量去带动社交群体的活跃性，这个群体非常喜欢社交，乐于分享，无论认识的还是不认识的，无论线上的还是线下的，都会主动去交往。即使是生活中一个小细节，"90 后""00 后"也乐于与大家分享，如展示自己穿的服饰、戴的装饰、做的美食，以及自己的生活。"90 后""00 后"新一代活得就是这么自由、随性、有个性，他们敢于表达自己的思想，释放自己的情感，也许这正是未来市场的发展趋势。

1.2.5　降低企业管理成本

在如今的互联网时代，时间成本成为了最为珍贵的资源，而金钱成本相对而言变得次要了许多。短视频营销正是这一时代背景下的明智之选，它极大地降低了营销成本，对卖方和买方而言都是一笔划算的投资。

对于卖方而言，短视频营销相较于传统广告制作与宣传方式，在成本上具有显著优势。特别是在电商时代，随着市场需求向线上转移，时效性变得尤为重要。一旦错过了最佳的营销时机，即便投入再多的努力也难以挽回。与微博、微信等社交平台相比，短视频时代正崭露头角，但在这个瞬息万变的时代，每一个机会都如同流星般短暂。微博的影响力已经逐渐衰退，而微信的红利期也已成为过去。因此，短视频时代无疑是企业布局市场、抢占先机的最佳时机。

值得一提的是，大多数短视频社区或平台都采取免费策略，这意味着企业在平台上发布内容无须支付任何费用。这样的模式使得通过短视频开展营销活动的成本变得更加低廉，为企业节省了大量资金。

1.3　优质短视频创作技巧

为了精心打造一部引人入胜的优质短视频，首要任务在于深入理解构成其精髓的核心元素。当洞悉了这些元素的精髓之后，便能够针对性地优化它们，从而匠心独具地创作出质量上乘的佳作。

1.3.1　短视频标题要能够吸引眼球

短视频标题如同个人的名片，它独一无二且富有代表性，是观众迅速洞察短视频内涵、形成记忆与联想的关键桥梁。

从运营策略的视角来看，尽管现代机器算法对图像信息的解析能力已不容小觑，但在精准度上，文字依然占据优势。当短视频平台对内容进行智能推荐时，标题中的分类关键词发挥着至关重要的作用。而短视频的播放量、评论互动和用户停留时长等综合指标，则成为衡量其是否值得继续推广的重要依据。

从用户体验的角度出发，标题更是短视频内容的直观展示，是吸引观众驻足观看的着力点。在决定是否点击观看之前，用户更倾向于浏览标题而非深入查看详情、标签或评论。因此，创作者在拟定标题时，应优先考虑视频内容能为观众带来的价值或乐趣，确保标题能精准地传达出视频的核心魅力。

图1-23所示为简洁、直观的短视频标题。

图1-23　简洁、直观的短视频标题

1.3.2　短视频画面要清晰

短视频的画质清晰度无疑是影响用户观看体验的核心要素。一旦画质模糊，便如同在精美的画作上蒙上了一层薄雾，让人瞬间失去兴趣，甚至可能在初见的刹那便选择略过。在这种情境下，即便短视频的内容再精彩绝伦，也难以赢得用户的青睐与关注。

细心观察不难发现，那些备受欢迎的短视频作品，其画质宛如电影"大片"般震撼人心，画面清晰细腻，色彩鲜艳夺目。这背后既得益于精良的拍摄硬件设备，也离不开专业的后期制作技术。如今，市面上涌现出众多短视频拍摄与制作软件，它们功能强大且丰富多样，如滤镜、分屏、特效等一应俱全，为大众提供了广阔的创作空间与可能。

图 1-24 所示为清晰画质的短视频。

图 1-24　清晰画质的短视频

> **提示**
>
> 播放媒介不同，其对短视频的画质和尺寸要求也不同，通常短视频是在手机终端进行播放的，所以短视频如何更好地适应手机屏幕是关键问题之一。

1.3.3　短视频内容能够提供价值或趣味

短视频能够吸引用户驻足观赏，其核心魅力源于两大要素：其一，用户能够从中汲取到实用且有价值的内容；其二，视频所传递的情感或观点能够触动用户，引发强烈的共鸣。因此，在创作短视频时，必须确保作品能够为用户提供实质性的价值或带来愉悦的趣味体验，至少满足其中之一，从而避免让用户在观看后感到乏味、迷茫，甚至不知所云。

图 1-25 所示为一个搞笑短视频，其具有较强的趣味性。

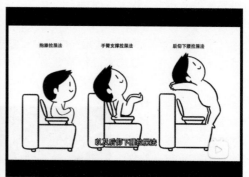

图 1-25　具有趣味性的搞笑短视频

> **提示**
>
> 有价值或有趣味的短视频还有一个特征——真实，即真实的人物、故事和情感。真实使短视频更贴近生活，更易引起大家的共鸣。

1.3.4　音乐与短视频内容相匹配

如果说标题是短视频吸引观众眼球的敲门砖，那么音乐则是塑造其整体氛围与基调的灵魂。在为短视频挑选和编辑音乐时，创作者需要特别注意以下两大要点。

（1）在短视频的高潮段落或关键信息呈现之际，务必精准地把握音乐的节奏，这不仅有助于突出视频的焦点内容，更能确保音乐与画面之间的和谐统一，带给观众更为流畅的视听体验。

（2）音乐的风格与短视频内容的调性必须保持高度一致。例如，搞笑类的短视频应避免搭配抒情的背景音乐，而严肃、庄重的视频同样不适宜采用过于轻佻或滑稽的音乐。这种一致的调性能够增强视频的感染力，使观众更易于沉浸其中。

1.3.5　注重短视频细节处理

优质的短视频往往历经了多维度的精心雕琢和无数次的打磨，才最终呈现在公众眼前。这背后离不开一个强大的短视频制作团队的辛勤付出，他们在编剧、表演、拍摄及后期制作等各个环节上，都倾注了无尽的心血和创意，不断推敲、优化，直至每一处细节都臻于完美。正是这样的匠心独具和精益求精，才使得这些短视频在视觉上更加引人入胜，在内容上更加富有创意，从而成功打造出一部部令人赞叹的优质作品。

1.4　短视频创作趋势

提供卓越质量的视频内容是网络短视频生态产业链中各个环节赖以生存的根本基石，它不仅关系着各参与者的生存与发展，更是整个生态系统繁荣的源泉。同时，短视频内容的丰富多样性，如同一把锋利的剑，帮助人们有效地斩断同质化的枷锁，让每个作品都能展现出独特的魅力和价值，从而推动整个生态系统向更高层次迈进。

1.4.1　原创短视频

在宽带技术日益成熟、移动设备端口广泛普及，以及原创版权保护制度日益完善的背景下，很多用户积极投身于原创视频的开发，力求掀起一股全新的用户生成内容（UGC）热潮。原创 UGC 视频不仅具备低廉的版权成本，更以其广泛的参与性和社交性深受大众喜爱。这类视频大多以短视频形式呈现，完美契合了现代人在移动终端上观看的习惯。

UGC 视频的核心在于其个性化特色，它鼓励用户从传统的下载者转变为积极的上传者，极大地激发了网络用户的创作热情。通过这种方式，用户不仅成为视频的观看者，更是互联网中视频内容的创造者和传播者，推动了视频内容生态的多元化和繁荣。

> **提示**
>
> 采用 UGC 模式，可以满足网络用户想要创作出自己的视频产品的需求。这类 UGC 视频由于来源于网络用户，因此更能吸引其他用户观看。短视频平台也鼓励精品 UGC 视频的出现，扶持有大批忠实粉丝的草根红人及原创作者从 UGC 走向 PGC 的生产之路。

图 1-26 所示为"一禅小和尚"制作的原创短视频，通过憨态可掬的卡通小和尚的形

象，在每一个短视频作品中讲述一个易懂的小哲理，非常可爱又富有创意。

图 1-26　"一禅小和尚"的原创短视频

1.4.2　内容差异化

随着计算机技术的突飞猛进和互联网络应用水平的日益提升，如今的时代已步入信息爆炸的洪流之中。在这个信息触手可及的时代，人们已不再满足于泛泛的信息获取，而是将焦点转向了更为专业、更为精准的信息挖掘。在这样的时代背景下，单纯模仿其他短视频内容已不再是可持续的发展之道。

业界已达成共识，"内容为王"的理念正引领着网络短视频内容向差异化、个性化的方向演进。以往那种依赖版权分销的模式，虽然在某种程度上降低了成本，但同时也导致了用户群体的分散、企业之间的同质化竞争，以及用户对平台忠诚度的降低。

唯有在内容和功能上下足功夫，短视频平台才能构建起独特的品牌魅力，实现真正的独立性和不可替代性。在内容的深度和广度上不断创新，为用户提供更加专业、精准、有趣的视频体验，将成为短视频平台在激烈竞争中脱颖而出的关键。

"叮叮冷知识"专注于知识分享，如图 1-27 所示，通过简单的卡通形象配合相应的视频、图片或表情包向观众讲解冷知识，幽默风趣的解说配合搞笑的视频内容，这种讲解方式比传统的长篇大论更容易被观众所接受。

图 1-27　"叮叮冷知识"的原创短视频

1.4.3　定制化短视频

定制化服务，顾名思义，即依据消费者的个性化需求，精心打造与其需求相契合且令消费者满意的服务体验。这一服务层次不仅要求"服务者"具备卓越的素质，还需要拥有深厚的专业知识储备和积极的工作态度。正因如此，定制化服务相较于其他有形的生产或无形的服务，能够创造出更为显著且深远的价值。

在消费者主导的时代背景下，定制化视频成为一大亮点。视频企业不再仅仅扮演内容平台或内容采购者的角色，而是摇身一变，成为内容制作的领航者。它们针对不同年龄层、兴趣点及审美偏好的消费者，量身定制视频内容，确保每一部作品都能精准触达目标受众的心灵。同时，通过自制内容，这些企业成功构建了差异化的内容平台，不仅改变了视频行业的竞争格局，更赢得了广告商的广泛认可与青睐。

图 1-28 所示为"小米手机"的抖音账号和短视频，通过短视频平台可以发布新产品预告、产品宣传广告、产品功能讲解、互动活动等短视频内容，不仅宣传了企业产品，也更好地拉近了与消费者之间的距离。

图 1-28　"小米手机"的抖音账号和短视频

1.4.4　社交化短视频

社交与视频的深度融合已逐渐崭露头角，成为未来发展的主流趋势。这种融合不仅极大地丰富了用户的视频分享体验，还衍生出线上线下的多元互动，让观众能够更直接地参与到节目的发展之中。

随着在线视频崛起为互联网应用的新星，其与"社交"这一火爆概念的结合日益紧密，产生了众多创新的"交集"。无论是国外还是国内，互联网用户都已经习惯将大量时间投入到社交网站中，交友、游戏、新闻浏览、视频观看与分享等一应俱全。众多行业，包括传统媒体、电子商务和视频网站，都敏锐地意识到，与社交网站的深度融合将是未来生存的关键。

对于在线视频平台而言，流量是其赖以生存和发展的"命脉"。正是因为流量，才使丰富的视频内容得以转化为商业价值。而社交所带来的庞大流量，无疑为视频网站提供了巨大的吸引力。

视频社交化不仅满足了视频平台对流量的渴求，也满足了社交网站对用户黏性的追求。更重要的是，它真正挖掘了短视频的潜在价值，为双方带来了共赢的局面。

1.5　短视频创作流程

短视频的制作流程与传统影片的制作流程相比简化了很多，但是要输出优质的短视频，创作者还是要遵循标准的制作流程。

1.5.1　项目定位

项目定位的目的就是让创作者有一个清晰的目标，并且一直朝着正确的方向努力。不过创作者需要注意的是，创作的内容要对人们有价值，根据人们的需求创作相应的内容。比如创作者的客户是高端人群，那么创作者就要创作出专业的内容。同时，内容的选题要贴近生活，接地气的内容能让人更有亲近感。

小贴士

短视频应该具有明确的主题，需要传达出短视频内容的主旨。在短视频创作的初期，创作者大多不知道如何明确主题，此时可以参考其他优秀案例，多搜集、多参考，再发散思维。

1.5.2　剧本编写

创作初期，非专业出身的人不一定能写出很专业的剧本，但也不能盲目拍摄。无论是室内拍摄还是室外拍摄，创作者都必须在纸上、手机上或者计算机上列出一个清晰的框架，想清楚自己的短视频要表达什么主题、在哪里拍、需要配合哪些方面，然后再谈剧情。

创作者一般会寻找多个点线索，然后串成一条故事线，这样可以有效地讲故事。当然这不是唯一的方式，但是短视频的时长较短，短暂的展示时间内没有多少机会让创作者讲很酷炫的故事，只有线性讲述才能让观众减少理解压力。当然如此一来，也难免让观众觉得乏味，但创作者可以通过一些后期手段进行弥补，以使故事更完整清晰，结构更完整紧密。

1.5.3　前期拍摄

在短视频拍摄过程中，创作者要防止出现画面混乱、拍摄对象不突出的情况。成功的构图应该是作品主体突出，主次分明，画面简洁、明晰，让人有赏心悦目之感。

如何才能有效防止出现短视频拍摄画面抖动的情况呢？以下两点建议可供参考。

1. 借助防抖器材

现在网上有很多防抖器材，如三脚架、独脚架、防抖稳定器等，创作者可以根据所使用的短视频拍摄器材配备一两个。

2. 注意拍摄的动作和姿势，避免大幅度动作

创作者在拍摄移动镜头时，上身动作要少，下身小碎步移动；走路时上身不动下身动；镜头需要旋转时，要以整个上身为轴心，尽量不要移动双手关节来拍摄。

创作者在拍摄时注意画面要有一定的变化，不要一个焦距、一个姿势拍全程，要通过推镜头、拉镜头、跟镜头、摇镜头等来使画面富有变化。例如进行定点人物拍摄时，创作者要注意通过推镜头进行全景、中景、近景、特写的拍摄，以实现画面的切换，否则画面会显得很乏味。

1.5.4　后期制作

短视频素材的整理工作也是非常有必要的，创作者要把短视频资源有效地进行分类，这样找起来效率会很高，创作者的思路也会很清晰。在剪视频环节，主题、风格、背景音乐、大体的画面衔接过程等，创作者都需要在正式剪辑前进行构思，也就是说，创作者要在脑子里想象短视频最终的效果，这样剪辑时才会更加得心应手。

短视频拍好后，创作者还要进行后期剪辑制作，例如画面切换的实现、字幕的添加、背景音乐的设置、特效的制作等。剪辑时，创作者要注意按照自己的创作主题、思路和脚本进行操作；在编辑过程中，创作者可加入转场特技、蒙太奇效果、多画面效果、画中画效果并进行画面调色等，但需要注意特效不要过度，合理的特效可提高视频的档次，但特效过多会给人眼花缭乱的感觉。

纯动画形式的短视频，创作者在制作过程中一定要注意动态元素的自然流畅，要遵循真实规律。

自然流畅：强化动画设计中的运动弧线，可以使动作更加自然流畅。自然界的运动都遵循弧线运动的规则。

遵循真实规律：遵循物体本身的真实运动规律。创作者可通过表现物体运动的节奏快慢和曲线，使之更接近真实。不同的物体运动有不同的节奏。

1.5.5　发布与运营

短视频制作完成后，就要进行发布。在发布阶段，创作者要做的工作主要包括选择合适的发布渠道、渠道短视频数据监控和渠道发布优化。只有做好这些工作，短视频才能够在最短的时间内打入新媒体营销市场，迅速吸引用户，进而获得知名度。

短视频的运营工作同样非常重要，良好的运营可以使用户时刻保持新鲜感。下面介绍 3 个短视频运营的小技巧。

1. 固定时间更新

创作者要尽量稳定自己的更新频率，固定更新时间，这样不仅能让自己的账号活跃度更好，同时也能够培养用户的阅读习惯，从而有效提高用户的留存率与黏性。

2. 多与用户互动

用户可以说是短视频创作者的"衣食父母"，如果没有他们的流量，那么短视频创作者很难"火"起来，所以短视频内容发表之后，创作者要记得与用户进行互动。很多创作者发布短视频之后什么也不做，这样就会白白损失一批用户。为了更好地留住用户，创作者需要提高用户的黏性。

3. 多发布热点内容

短视频内容也是可以蹭热点的，但是创作者需要注意热点的安全性，不要侵权，要按照平台要求去追热点。总的来说，就是创作者要做好内容质量。

1.6 短视频的未来发展

随着移动短视频 App 和直播产业的发展，短视频用户规模将成倍增长，逐渐成为移动互联网发展不可或缺的一部分。短视频的未来发展趋势体现在以下几个方面。

1. 市场规模持续扩大

短视频行业在过去几年已经呈现出快速增长的态势，预计未来这一趋势将继续保持。根据中商产业研究院发布的报告预测，2024 年我国短视频市场规模有望达 4200 亿元。随着 5G 技术的商用和普及，以及人工智能、大数据等技术的进一步发展，短视频市场的规模有望进一步扩大。

2. 内容多元化与专业化

随着市场的成熟和竞争的加剧，短视频内容将趋于多元化和专业化。用户不再满足于简单的娱乐消遣，而是对内容的质量和深度提出了更高要求。因此，短视频平台需要不断拓宽内容领域，涵盖教育、科技、艺术、旅游等多个方面，以满足不同用户的需求。同时，专业的内容创作者和机构也将逐渐崭露头角，为市场提供更为精致和高质量的内容。

3. 技术创新与升级

技术创新是推动短视频发展的重要力量。未来，短视频平台将继续在视频编解码、云计算、大数据等技术领域深耕，以提高视频的清晰度和流畅度，优化用户体验。随着 5G、AI 等技术的普及，短视频将有望实现更为丰富的交互功能，如虚拟现实、增强现实等，为用户提供更加沉浸式的观看体验。

4. 社交属性强化

短视频作为一种社交媒介，其社交属性将得到进一步强化。未来，短视频平台将更加注重用户之间的互动和交流，通过推出更多有趣、有奖、有互动的功能，如挑战赛、话题讨论、直播互动等，吸引用户积极参与并分享自己的创作。同时，短视频平台也将与其他社交平台进行深度融合，形成更为紧密的社交生态圈。

5. 商业化变现模式多样化

随着短视频用户规模的扩大和内容的丰富，其商业化变现模式也将更加多样化。除了传统的广告植入、品牌合作等方式，短视频平台还将探索更多创新的变现模式，如付费观看、虚拟礼物、会员制度等。这些模式将为内容创作者和平台带来更多的收益渠道，推动整个行业的可持续发展。

6. 跨界合作与产业融合

短视频作为一种新兴的媒体形态，将与更多产业进行跨界合作与融合。例如，短视频可以与电商、旅游、教育等产业进行深度合作，为用户提供更加丰富和便捷的服务体验。同时，随着短视频行业的不断发展壮大，其产业链也将进一步完善和成熟，为整个行业的可持续发展提供有力支撑。

总之，短视频行业在未来将继续保持强劲的发展势头，市场规模将持续扩大，内容将趋于多元化和专业化，技术创新将不断推动行业发展，社交属性将得到进一步强化，商业化变现模式将更加多样化，跨界合作与产业融合将成为行业发展的重要趋势。

1.7　本章小结

短视频是新媒体时代最具有发展前景的传播媒介，与传统的传播媒介相比，短视频的表现方式具有更多样化、更富个性的特点。通过本章内容的学习，读者需要能够理解短视频这种全新的内容表现形式，以及有关短视频内容创作的相关基础知识。

1.8　课后练习

完成本章内容的学习后，接下来通过课后练习，检测一下读者对本章内容的学习效果，同时加深读者对所学知识的理解。

一、选择题

1. 以下关于短视频特点，说法错误的是？（　　　）

　　A. 简洁明了　　　　B. 内容精确　　　　C. 轻松和娱乐性　　D. 视频形式单一

2. 专业机构创作并上传内容，这种短视频生产方式简称（　　　）。

　　A. UGC　　　　　　B. PUGC　　　　　C. PGC　　　　　　D. PUC

3. 平台普通用户自主创作并上传内容，普通用户指非专业个人生产者，这种短视频生产方式简称（　　　）。

　　A. UGC　　　　　　B. PUGC　　　　　C. PGC　　　　　　D. PUC

4. 短视频平台的专业用户创作并上传内容，专业用户指拥有粉丝基础的"网红"，或者拥有某一领域专业知识的关键意见领袖，这种短视频生产方式简称（　　　）。

　　A. UGC　　　　　　B. PUGC　　　　　C. PGC　　　　　　D. PUC

5. 以下关于短视频对企业营销的推动作用，描述错误的是？（　　　）。

　　A. 时效性强　　　　B. 传播范围广　　　C. 时效性强　　　　D. 增加营销投入

二、判断题

1. 短视频是指在各种新媒体平台上播放的、适合在移动状态和短时休闲状态下观看的、高频推送的视频内容，时长通常只有几秒钟。（　　　）

2. 抖音专注于深耕二次元文化，为热爱这一领域的用户提供了丰富的精神食粮。（　　　）

3. 短视频的画质清晰度无疑是影响用户观看体验的核心要素。（　　　）

4. 短视频应该具有明确的主题，需要传达出短视频内容的主旨。在短视频创作的初期，创作者大多不知道如何明确主题，此时可以参考其他优秀案例，多搜集、多参考，再发散思维。（　　　）

5. 搞笑类的短视频可以搭配抒情的背景音乐。（　　　）

三、操作题

浏览不同平台的短视频，并分析不同平台短视频的特点，理解优质短视频的特点。

第 2 章
短视频拍摄设备与构图

短视频素材的拍摄，既是一门精湛的技术实践，也是一场富有灵感的艺术创造。构图作为连接内容与形式的桥梁，是实现视觉和谐与情感传达的关键。在短视频素材的拍摄过程中，不仅需要具备对美的敏锐洞察力，还需掌握如何将纷繁复杂的元素进行巧妙安排，以构建出既符合视觉美学规律，又能深刻表达主题思想的画面结构。

本章将向大家介绍短视频素材拍摄设备与构图的相关基础知识，包括素材拍摄的相关设备、短视频拍摄的原则与要点、画面的构图方法、画面的构图形式及拍摄画面的景别等内容，使大家对短视频素材拍摄的设备和画面构图有所了解。

学习目标

1. 知识目标
- 认识并了解短视频素材拍摄的相关设备。
- 理解短视频拍摄的原则与要点。
- 理解常用的画面构图方法。
- 理解拍摄画面的构图形式。
- 了解拍摄画面的景别。

2. 能力目标
- 能够在素材拍摄中合理应用构图。
- 能够在素材拍摄中选择合适的画面景别。

3. 素质目标
- 具备职业生涯规划能力，明确个人职业目标和发展方向。
- 培养审美情趣和创造力，提升个人综合素质和修养。

2.1 素材拍摄的相关设备

拍摄高质量的短视频素材，无疑是一门蕴含深厚专业技巧的艺术，尤其是在面对那些几十秒转瞬即逝的珍贵画面时，每一帧的构思与捕捉都需要经过深思熟虑。为了捕捉到能够触动人心、引人入胜的瞬间，某些特定题材的视频甚至要求配备专业的拍摄装备，以确保画面的独特性与表现力。因此，对于短视频创作者而言，精心挑选并熟练掌握适合的拍摄设备，成为了直接影响作品品质与观众体验的关键因素。

2.1.1　拍摄设备

当前，短视频创作领域广泛采用的设备种类繁多，从普及度极高的智能手机，到专业摄影师青睐的单反相机，再到家庭用户友好的家用 DV 摄像机，乃至电影制作级别的专业级摄像机，每一类设备都各有千秋，满足了不同创作者的需求与风格偏好。这些设备的存在不仅丰富了短视频创作的可能性，也为观众带来了更加多元、高质量的视觉享受。

1. 手机

手机的最大特点就是方便携带，使人们能够跨越时空界限，随时随地捕捉生活中的每一个精彩瞬间，并将其永恒定格。手持拍摄时难免会有轻微颤抖，在手机这样的小型设备上尤为明显，这往往会导致视频画面出现不必要的晃动，不仅影响观感，还在后期制作中增加了画面衔接的"卡顿"风险，降低了整体的流畅度与专业性。

为了克服这些挑战，市面上涌现出了一系列专为手机拍摄而设计的"神器"，旨在提升手机拍摄的表现力。从稳定器到外接镜头，从补光灯到专业 App，这些工具与软件的应用，不仅能够有效减少画面抖动，提升拍摄稳定性，还能通过增强光线控制、优化色彩管理等手段，显著提升手机拍摄的画质与艺术性，让每一位手机摄影师都能轻松驾驭，创作出媲美专业水准的短视频作品。

（1）手持云台。在运用手机进行视频拍摄时，为了彻底消除因手持不稳而产生的画面晃动这一常见问题，专业级的手持云台无疑是不可或缺的得力装备。手持云台以其卓越的稳定性，能够有效隔离手部细微抖动，确保拍摄出的视频画面平滑流畅。即便是对于追求极致拍摄效果的资深用户而言，手持云台也是提升作品质量的理想选择。图 2-1 所示为手持云台设备。

（2）自拍杆。自拍杆这一风靡全球的自拍"神器"，以其独特的魅力成为了短视频创作领域中的主力军。它巧妙地融合了便捷性与多功能性，通过内置的遥控器，让用户能够轻松实现多角度、自由灵活的拍摄动作，彻底解锁了自拍与短视频制作的全新可能。对于热衷于外出旅行、记录生活点滴的短视频创作者而言，自拍杆无疑是不可或缺的伴侣。它不仅极大地拓宽了拍摄视野，让每一帧画面都能捕捉到最动人的风景与最自然的自己，更在无形中提升了作品的专业度与观赏性，让每一次旅行都成为一场视觉盛宴的记录之旅。图 2-2 所示为自拍杆设备。

图 2-1　手持云台设备　　　　图 2-2　自拍杆设备

（3）手机支架。手机支架这一贴心设计的辅助工具，巧妙地解放了拍摄者的双手，让创作更加自由无拘。其稳固的支撑结构，无论是置于桌面还是其他平稳表面，都能有效防止手机滑落与意外碰撞，为拍摄过程增添了一份安心与保障。图 2-3 所示为手机支架设备。

（4）手机外置摄像镜头。手机外置摄像镜头作为提升拍摄品质的秘密武器，能够赋予视频画面前所未有的清晰度与细腻感，让每一个细节都跃然屏上，人物的形态也因此而显得更加生动鲜活、自然流畅。这一创新配件不仅适用于追求短视频拍摄极致效果的创作者，更是每一位热爱记录生活、享受短视频创作乐趣的朋友们的理想选择。其操作简便快捷，无须复杂的设置与调整，即便是摄影新手也能轻松上手，快速掌握。同时，相较于专业摄像设备，手机外置摄像镜头的价格相对亲民，让高质量的短视频创作不再是遥不可及的梦想，而是触手可及的现实。图 2-4 所示为手机外置摄像镜头设备。

图 2-3　手持支架设备　　　　　　　　图 2-4　手机外置摄像镜头设备

2. 单反相机

单反相机是一种中高端摄像设备，其拍摄的视频画质远超过市面上的大多数手机，呈现出令人叹为观止的细腻与真实感。

单反相机的核心魅力，在于其无与伦比的取景精度。通过精密的光学系统与直观的取景器，摄影师能够精确捕捉眼前世界的每一个微妙细节，确保拍摄画面与肉眼所见相一致，这种"所见即所得"的体验是单反相机独有的魅力所在。此外，单反相机赋予了摄影师前所未有的手控自由。无论是调整光圈以控制景深，还是微调曝光度以平衡明暗，抑或是设定快门速度以捕捉动态瞬间，单反相机都能让摄影师随心所欲地调整，创造出独一无二的拍摄效果。

单反相机虽然拥有卓越性能，却也伴随着一些不容忽视的局限性。其价格往往较为高昂，成为不少摄影爱好者踏入高阶领域的门槛之一。在操作性方面，单反相机以其复杂的功能与设置著称，这对初学者而言可能需要付出一定的学习成本。掌握其拍摄技巧需要耗费一定的时间与精力，对于初次接触的用户来说，可能会感到上手不易。图 2-5 所示为单反相机。

3. 家用 DV 摄像机

家用 DV 摄像机以其精巧便携的设计，成为了家庭旅游与日常活动记录的得力助手。它不仅在清晰度与稳定性上表现出色，能够精准捕捉生活中的每一个温馨瞬间，让回忆更加鲜活生动，更以其简便易用的操作特性，深受非专业摄影爱好者的青睐。即便是摄影新手，也能轻松上手，快速掌握拍摄技巧，享受创作的乐趣。图 2-6 所示为家用 DV 摄像机。

图 2-5　单反相机

图 2-6　家用 DV 摄像机

4. 专业级摄像机

专业级摄像机作为新闻采访与高端会议活动的首选工具，其显著优势在于强大的续航能力，得益于大容量电池设计，确保长时间拍摄无忧。在功能配置上，专业级摄像机赋予了用户极高的自由度，通过独立调节光圈、快门速度及白平衡等核心参数，能够轻松应对各种复杂光线与拍摄需求，实现专业级别的画面控制。

值得注意的是，专业级摄像机的体型设计往往较为庞大，长时间手持或肩扛拍摄，无疑是一项考验耐力的任务。此外，其高昂的价格门槛也是不可忽视的因素之一，即便是入门级的专业级摄像机，其价格也可能达到或超过 2 万元人民币，这对于一般用户而言，无疑是一笔不小的投资。图 2-7 所示为专业级摄像机。

> **提示**
>
> 无论使用哪种短视频拍摄设备，都是为了帮助创作者完成短视频的录制。选择哪种拍摄设备主要取决于创作者的具体需求和预算，要根据具体情况而定。

图 2-7　专业级摄像机

2.1.2　稳定设备

在短视频制作中，确保拍摄设备的稳定性是提升作品质量的关键因素之一。为此，创作者们常常借助一系列专业辅助工具来达成这一目标，其中独脚架、三脚架及稳定器是不可或缺的得力助手。

独脚架以其轻便灵活的特性，既能为相机提供一定的支撑，又便于快速移动和调整拍摄角度，是户外拍摄或需要灵活变换场景时的理想选择。而三脚架则以其稳固的三角支撑结构，为相机提供了最为坚实的支撑平台，无论是静态场景的长时间曝光，还是精细入微的微距拍摄，都能轻松应对，确保画面清晰无抖动。图 2-8 所示为独脚架和三脚架设备。

稳定器作为现代短视频拍摄中的黑科技，更是将防抖技术推向了新的高度。通过内置的陀螺仪等精密传感器，稳定器能够实时感知并补偿拍摄过程中的微小震动，使画面始终保持平稳流畅，即便是步行、奔跑甚至骑行等动态拍摄环境下，也能轻松拍出专业级别的稳定效果，为短视频作品增添了更多动态魅力与视觉冲击力。

图 2-8　独角架和三脚架设备

当前市场上，稳定器的种类繁多，充分满足了不同摄影爱好者的需求。其中，最为常见且广受欢迎的几大类稳定器分别是专为智能手机设计的手机稳定器、适配微单相机的微单稳定器，以及专为承载单反相机乃至更重型设备而设计的大承重单反稳定器。图2-9 所示为适用于不同设备的稳定器。

图 2-9　适用于不同设备的稳定器

在选择稳定器时，需要审慎考虑两大关键因素，以确保拍摄过程的顺畅与高效。首要考虑的是稳定器与所使用相机型号的兼容性，特别是关于机身电子跟焦功能的支持情况。若稳定器与相机无法直接实现电子跟焦，那么添置一台跟焦器便成为了必要的补充，以确保在拍摄过程中能够精准、流畅地调整焦点，捕捉每一个细腻瞬间。

其次，稳定器的调平工作至关重要，它直接关系到拍摄的稳定性与操作的便捷性。虽然市面上的部分稳定器提供了模糊调平的功能，作为快速上手的权宜之计，但为了追求更高的拍摄效率与画面质量，这里强烈推荐进行严格的调平操作。通过精细调整，确保稳定器与相机组合达到最佳平衡状态，不仅能够减少不必要的震动，还能显著提升稳定器的响应速度与操控性能，让创作之旅变得更加得心应手。

> **提示**
>
> 在选择稳定器时，首先要考虑稳定器的承载能力，如果使用的是小型微单相机，选择微单稳定器即可；如果使用的拍摄设备质量较大，建议选择更大型的单反稳定器。

2.1.3　收声设备

收声设备是一种容易被忽略的短视频设备，短视频主要由图像和声音构成，因此收声设备非常重要。

仅仅依赖相机或手机内置的麦克风来捕捉声音，往往难以满足专业级的要求，其局限性显而易见。为了突破这一瓶颈，外置话筒的引入成为提升音频质量的必然选择。在外置话筒的广阔领域中，无线话筒（常被誉为"小蜜蜂"）以其便捷的操作性和无拘无束的灵活性，深受众多创作者的喜爱。另一款备受青睐的则是指向性话筒，也被形象地称为"机顶话筒"。这类话筒以其精准的收音能力著称，能够有效地减少环境噪声的干扰，专注于前方特定区域的声音收集，为视频增添更为清晰、纯净的音频背景。

话筒的种类非常多，不同话筒适用于不同的拍摄场景。无线话筒一般更适合现场采访、在线授课、视频直播等环境，如图 2-10 所示。而机顶话筒更适合现场收音的环境，如微电影录制、多人采访等，如图 2-11 所示。

图 2-10　无线话筒

图 2-11　机顶话筒

提示

通常，为了更好地保证收声效果，如果相机具备耳机接口，尽可能使用监听耳机进行监听。另外，在室外拍摄时，风声是对收声最大的挑战，一定要用防风罩降低风噪。

2.1.4　灯光设备

灯光设备在短视频拍摄的艺术创造中占据着举足轻重的地位，其重要性往往超越了直观感知。尽管在许多即兴或日常拍摄场景中，灯光设备可能并非即刻必需的装备，但如果想要追求视频画质的卓越与氛围的精准营造，它便成为了不可或缺的设备。

好的灯光设备对于提升短视频质量非常重要。在日常的短视频拍摄场景中，追求专业级的大型灯光设备并非必要之举，相反，小巧便捷的 LED 补光灯与功能明确的射灯，足以满足大多数需求。LED 补光灯作为录像与直播的得力助手，以其高效节能、色温可调的特性，为拍摄主体提供柔和而均匀的光线，能够有效提升画面亮度与色彩还原度。而射灯则更擅长于静物拍摄的精细照明，通过聚焦光线，精准勾勒出物体的轮廓与细节，让静物更显生动与质感。图 2-12 所示小型的 LED 补光灯和射灯。

图 2-12　LED 补光灯和射灯

在室内拍摄商品视频时，常常需要用到柔光箱，一般需要配备 3 盏灯。比较通用的布光方法是三点布光，主灯用来照亮被拍摄主体，辅灯用来对暗部进行补光。图 2-13 所示为常见的三点布光法。

图 2-13　常见的三点布光法

除了三点布光法，在商品视频拍摄中还会用到其他布光方式，常用的有以下 5 种。

（1）正面两侧布光：将柔光箱放在商品的正向两侧。这样的布光方法拍摄出来的商品视频不会有暗角，商品的整体也会得到很好的表现。图 2-14 所示为正面两侧布光示意图。

（2）两侧 45°布光：将柔光箱放在商品的左右两侧，倾斜 45°，对称布光，打亮商品的顶部。拍摄扁平的小件商品时比较适合这种布光方式，如饰品等。图 2-15 所示为两侧 45°布光示意图。

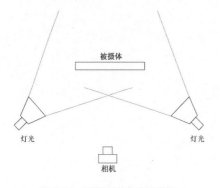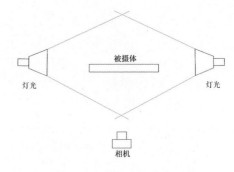

图 2-14　正面两侧布光示意图　　　　图 2-15　两侧 45°布光示意图

（3）背后两侧布光：将柔光箱放在商品的侧后方进行打光，拍摄透明、镂空类的商品时常用这种布光方法。图 2-16 所示为背后两侧布光示意图。

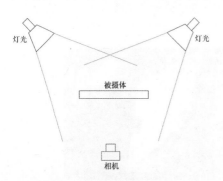

图 2-16　背后两侧布光示意图

（4）倾斜交叉布光：将一盏柔光箱放在商品的前侧，将另一盏柔光箱放在商品的后侧，两者呈对角线。这种布光方式可以很好地呈现商品的层次和细节。图 2-17 所示为倾斜交叉布光示意图。

（5）倾斜交错布光：将一盏柔光箱放在商品的前侧，将另一盏柔光箱放在商品的一侧，两者不交叉对称，这种布光方式可以很好地体现商品的质感。图 2-18 所示为倾斜交错布光示意图。

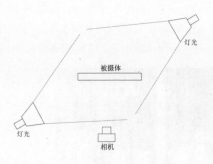

图 2-17　倾斜交叉布光示意图

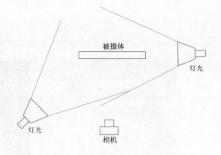

图 2-18　倾斜交错布光示意图

提示

　　如果拍摄的短视频大多是达人解说式的自拍类短视频，那么准备一个美颜补光灯就很有必要。美颜补光灯可以让人物脸部显得更小，肤色显得更亮，适合用于化妆技巧拍摄、纹绣美甲拍摄等。

2.1.5　其他辅助设备

　　为了更好地进行日常的短视频拍摄，一般还需要一些辅助设备。常见的辅助设备有反光板、幕布等。

图 2-19　不同形状的反光板

　　（1）反光板。在光线直接照射到画面时，如果想要获得更好的曝光效果，可以尝试使用反光板。图 2-19 所示为不同形状的反光板。

　　（2）静物台。静物台多用于拍摄小型静物商品，在电商平台上，经常看到的很多白底商品视频就是利用静物台来拍摄的。从控制成本的角度出发，也可以利用背景布、纸板或板凳等工具，搭建一个简易的静物台来进行拍摄。图 2-20 所示为静物台设备。

　　（3）滑轨。借助滑轨可以将一些静态场景拍出动态效果，如左右平移、前后平移、旋转滑动的动态画面效果等。图 2-21 所示为滑轨设备。

图 2-20　静物台

图 2-21　摄影滑轨

（4）幕布。在很多真人出镜的视频中，若背景过于杂乱会直接影响观众的观看体验，此时可以尝试使用幕布，纯色、定制色、不同图案背景的幕布都能购买到。使用无痕灯固定幕布，能达到无痕的效果。图 2-22 所示为使用不同颜色幕布作为拍摄背景。

图 2-22　使用不同颜色幕布作为拍摄背景

2.2 短视频拍摄的原则与要点

在短视频素材的拍摄过程中，为了确保获得优质的照片与视频画面，创作者必须遵循以下几点拍摄原则和要点。

1. 画面要平

确保画面维持水平状态，这是构成理想视觉体验的基础准则。一旦画面失衡，其中的元素将呈现倾斜状态，这样的视觉呈现不仅容易误导观众的感知，还可能显著削弱整体的观赏感受，令人产生不必要的视觉困扰，从而影响内容的完整传达与沉浸式的观看享受。

保证画面水平的要点如下。

（1）借助配备有精准水平仪的三脚架进行拍摄，能够极大地提升画面稳定性的同时，确保取景的精确水平。通过细致地调整三脚架的三个支撑脚位置，或者微调云台的倾斜角度，直至观察到水平仪内的水银泡居于中心标记上，则标志着画面已调整至水平状态。

（2）在追求画面水平的过程中，巧妙地利用自然界或人造环境中与地面严格垂直的物体作为参照，如挺拔建筑物的笔直轮廓线、挺拔树木的垂直主干或者门框的直立边缘等，是极为有效的策略。通过将这些参照物的垂直线条与画面的纵向边缘精准对齐，使之相互平行，不仅能够直观验证并调整画面的水平状态，还能赋予整个画面以稳固的视觉平衡感，进一步提升作品的审美价值。

2. 画面要稳

镜头的轻微晃动或画面的不稳定性往往会在无形中触动观众内心的不安情绪，这种不稳定的视觉体验还极易加剧观众的视觉疲劳感，削弱他们对内容的持续关注与享受。鉴于此，在拍摄过程中，极力追求并保持镜头的稳定性，成为至关重要的原则。

保证画面稳定的要点如下。

（1）尽可能地使用三脚架拍摄固定镜头。

（2）在边走边拍时，为减轻震动，双膝应该略微弯曲，与地面平行移动。

（3）在手持拍摄时使用广角镜头进行拍摄，可以增强画面的稳定性。

（4）拍摄推拉镜头与横移镜头时最好借助摇臂、轨道车拍摄。图 2-23 所示为使用轨道车拍摄示意图，图 2-24 所示为使用摇臂拍摄示意图。

图 2-23　使用轨道车拍摄示意图

图 2-24　使用摇臂拍摄示意图

3. 摄像机的运动速度要匀

摄像机运动的速度要保持均匀，切忌时快时慢、断断续续，要保证节奏的连续性。保证摄像机匀速运动的要点如下。

（1）在使用三脚架摇拍时，首先要调整好脚架上的云台阻尼，使摄像机转动灵活，然后匀速操作三脚架手柄，使摄像机均匀地摇动。

（2）在进行摄像机变焦操作时，采用自动变焦比手动变焦更容易实现摄像机的匀速运动。

（3）在拍摄推拉镜头与移动镜头时，要控制移动工具匀速运动。

4. 画面要准

要想通过画面构图准确地向观众表达出创作者想要阐述的内容，就要求拍摄对象、范围、起幅、落幅、镜头运动、景深运用、色彩呈现、焦点变化等都要准确。

保证画面准确的要点如下。

（1）领会编导的创作意图，明确拍摄内容和拍摄对象。

（2）勤练习，掌握拍摄技巧。例如，运动镜头中的起幅、落幅要准确，即镜头运动开始时静止的画面点及结束时静止的画面点要准确，时间够长，起幅落幅画面一般要有 5 秒以上，这样才能方便后期的镜头组接。又如，对于有前、后景的画面，有时要把焦点对准前景物体，有时又要把焦点对准后景物体，可以利用变焦点来调动观众的视点变化。再如，可以通过调整白平衡使色彩准确还原。

5. 画面要清

这里的"清"是指拍摄的画面清晰，主要是保证主体的清晰。模糊不清的画面会影响观众的观看感受。

保证画面清晰的要点如下。

（1）拍摄前注意保持拍摄设备的清洁，在拍摄时要保证聚焦准确。为了获得聚焦准确的画面，可以采用长焦聚焦法，即无论主体远近，都要先把镜头调整到焦距最长的位置，调整聚焦环使主体清晰，因为这时的景深小，易准确调整焦点，然后再调整到所需的合适焦距进行拍摄。

（2）当拍摄物体沿纵深运动时，为了保证物体始终清晰，有 3 种方法：一是随着拍摄物体的移动相应地调整镜头以聚焦；二是按照加大景深的办法进行调整，如加大物距、缩短焦距、减小光圈；三是采用跟拍方式，始终保持摄像机和拍摄物之间的距离不变。

2.3 画面的构图方法

拍摄视频与照片的艺术创作过程，在本质上是异曲同工的，它们均强调对画面主体的精妙布局与巧妙摆放。这一过程就是构图，它是塑造视觉和谐与舒适感的关键所在。优秀的构图既突出了作品的核心焦点，又确保了整体结构的条理性与层次感，更在不经意间融入了无尽的美感，让人在观赏时心旷神怡，流连忘返。因此，构图不仅是技术层面的精湛展现，更是艺术创作中不可或缺的灵魂所在。

2.3.1 中心构图

中心构图，通过将核心元素精准置于相机或手机屏幕的正中央进行拍摄，不仅简化了构图过程，更实现了对主体对象的鲜明强调。这样的布局策略使得观众在第一时间便能捕捉到画面的核心焦点，其目光自然而然地聚焦于重点对象之上，无须过多寻觅，便能深刻理解并感受到该对象所承载的信息与情感。因此，中心构图不仅是快速吸引观众注意力的有效手段，更是传递创作者意图、强化作品主题的重要艺术语言。

图 2-25　中心构图的视频画面效果

中心构图的精髓，在于其无可比拟的突出性与明确性，它如同一束聚光灯，将观众的视线精确无误地引向画面的核心主体，确保信息传递的直接与高效。同时，这种构图方式天然蕴含着一种均衡之美，通过将主体置于画面中心，自然而然地实现了左右两侧的视觉平衡，营造出一种稳定而和谐的视觉氛围。图 2-25 所示为采用中心构图的视频画面效果。

2.3.2 三分线构图

三分线构图，巧妙地将视频画面横向或纵向划分为 3 个均衡的区间，引导拍摄者将主体巧妙地置于这些黄金分割线的交点或附近，以此构建出既和谐又富含张力的画面布局。这种构图法不仅赋予了拍摄主体以更为显著的视觉焦点地位，更在无形中增强了画面的空间深度与层次感，使观众的目光在画面中自由穿梭，享受一场视觉盛宴。

三分线构图一般将视频拍摄主体巧妙地置于偏离画面中心约六分之一的黄金位置，不仅有效避免了画面可能陷入的枯燥与呆板，更赋予了作品以生动灵动的气息，使拍摄主题得以更加鲜明地凸显，画面因此而紧凑有力，引人入胜。此外，三分线构图还以其独特的平衡美学，确保了画面在左右或上下方向上达到了一种难以言喻的和谐与协调。图 2-26 所示为采用三分线构图的视频画面效果。

提示

画面构图重要的是能够维持画面的横平竖直，找到画面的平衡点。因此，在拍摄时打开手机相机的内置网格作为拍摄参考线就很有必要了。

图 2-26　三分线构图的视频画面效果

2.3.3　九宫格构图

九宫格构图也称为井字形构图,是摄影艺术中一种广泛应用的构图法则。这种构图方法巧妙地将画面视为一个精心设计的边界空间,其中,横向与纵向各两道均衡分布的线条将画面划分为 9 个等大的区域,从而勾勒出一幅生动的"井"字图案。这 4 条精心布局的直线,正是画面中的黄金分割线。

这 4 条黄金分割线在画面中两两交会,形成了 4 个独特的交点,这些交点便是画面的黄金分割点,也被形象地称为"趣味中心"。因此,当创作者在拍摄视频时,如果能巧妙地将主体置于这些趣味中心上,不仅能够瞬间吸引观众的注意力,更能让作品呈现出一种难以言喻的和谐与美感,使画面更加生动有力,令人过目难忘。

图 2-27 所示的画面就采用了比较典型的九宫格构图,作为主体的花朵被放在了黄金分割点的位置,整个画面看上去非常有层次感。

此外,使用九宫格构图拍摄视频,视频画面相对均衡,拍摄出来的视频也比较自然和生动。

> **提示**
>
> 九宫格构图中共包含 4 个趣味中心,每一个趣味中心都在偏离画面中心的位置上,这样不仅能优化视频空间感,还能很好地突出视频拍摄主体。因此,九宫格构图是一种十分实用的构图方法。

图 2-27　九宫格构图的视频画面效果

2.3.4　黄金分割构图

黄金分割构图是视频拍摄中一种运用非常广泛的构图方法。当将画面中的主体对象精心布局于黄金分割点或其邻近区域时,整个画面仿佛被赋予了魔力,呈现出一种难以抗拒的和谐美感。

在黄金分割构图中,黄金分割点可以视为对角线与它的某条垂线的交点。可以用线段表现视频画面的黄金比例,对角线与从相对顶点引出的垂线的交点(即垂足)就是黄金分割点,如图 2-28 所示。

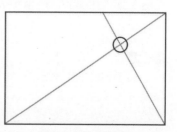

图 2-28　黄金分割点

除此之外,黄金分割构图还有一种特殊的表达方法，即黄金螺旋线。黄金螺旋线构图极具艺术美感，它是由斐波那契螺旋线构成的，形成一种不断延伸的和谐美，被视为均衡和和谐美的象征，如图 2-29 所示。

黄金分割构图可以在突出视频拍摄主体的同时，使观众在视觉上感到十分舒适，从而产生美的感受。图 2-30 所示为采用黄金分割构图的视频画面效果。

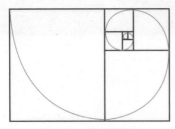
图 2-29 黄金螺旋线

图 2-30 黄金分割构图的视频画面效果

2.3.5 前景构图

前景构图作为短视频创作中一项匠心独运的视觉策略，其核心在于拍摄者巧妙地利用位于拍摄主体与镜头之间的自然或人造景物作为构图元素。这一手法的精妙之处在于，它不仅能够为画面增添一抹独特的层次感，使得视频内容在视觉上更加丰富饱满，更能够以一种引人入胜的方式，巧妙地将观众的视线引导至拍摄主体上，实现了对主体对象的深刻展现与突出。

前景构图分为两种情况：一种是将拍摄主体作为前景进行拍摄，如图 2-31 所示，将拍摄主体——花朵直接作为前景进行拍摄，这不仅使拍摄主体更加清晰醒目，而且使视频画面更有层次感；画面背景则做了虚化处理。另一种是将除视频拍摄主体以外的物体作为前景进行拍摄，如图 2-32 所示，利用红色的花朵作为前景，让观众在视觉上有一种向里的透视感，同时又有一种身临其境的感觉。

图 2-31 将拍摄主体作为前景的视频画面效果

图 2-32 将拍摄主体以外的物体作为前景的视频画面效果

> **提示**
>
> 前景构图不仅是对视觉美学的追求，更是对创作意图与情感表达的深刻诠释。它让短视频作品在瞬间抓住观众眼球的同时，更能够持久地留在人们的心中，成为一段段难忘的记忆与情感的共鸣。

2.3.6 框架构图

在取景时，创作者总是带着敏锐的洞察力，有意无意地寻觅那些天然的框架元素，如窗户、门框、树枝、山洞等。选择好边框元素后，调整拍摄角度和拍摄距离，将主体景物安排在边框之中即可。图 2-33 所示为采用框架构图的视频画面效果。

提示

　　需要注意的是，在拍摄时，有时框架元素会很明显地出现在创作者的视野中，比如常见的窗户、门框等景物。但有时框架元素并不会很明显地出现，这时创作者应该寻找可以当作框架的景物。比如在拍摄风景时，创作者可以将倾斜的树枝当作框架。

图 2-33　框架构图的视频画面效果

2.3.7　光线构图

　　在视频创作的广阔天地里，光线无疑是创作者手中最为灵动多变的画笔。其中，顺光、侧光、逆光与顶光，这四大类光线如同 4 种截然不同的色彩与笔触，为视频画面赋予了千变万化的光影艺术效果。利用好光线可以使视频画面呈现出不一样的光影艺术效果。图 2-34 所示为采用光线构图的视频画面效果。

图 2-34　光线构图的视频画面效果

2.3.8　透视构图

　　透视构图是指利用视频画面中的某一条线或某几条线由近及远形成的延伸感，使观众的视线沿着视频画面中的线条汇聚到一点的构图。

　　短视频拍摄中的透视构图可大致分为单边透视和双边透视两种。单边透视是指视频画面中，只有一边带有由远及近形成延伸感的线条，如图 2-35 所示；双边透视则是指视频画面两边都带有由近及远形成延伸感的线条，如图 2-36 所示。

图 2-35　单边透视构图的视频画面效果　　　　图 2-36　双边透视构图的视频画面效果

　　透视构图不仅增强了画面的空间感与立体感，更赋予了视频强烈的视觉引导力。观众的视线随着线条的延伸而流动，仿佛被一股无形的力量牵引，不由自主地深入画面的每一个角落，探索其中隐藏的故事与情感。

2.3.9 景深构图

当某一物体聚焦清晰时，从该物体前面到后面的某一段距离内的所有景物也都是相当清晰的，焦点相当清晰的这段前后的距离称为景深，而其他的地方则是模糊（虚化）的效果。这种构图方法就是景深构图。图 2-37 所示为采用景深构图的视频画面效果。

图 2-37　景深构图的视频画面效果

景深构图不仅仅是技术层面的精准把控，更是艺术创作中情感与意境的深刻表达。它让摄影师或创作者能够根据自己的意图与想象，灵活调整画面的清晰与模糊区域，从而在二维的画面上创造出三维的空间感与深度，引导观者的目光穿梭于虚实之间，感受那份由近及远、由浅入深的视觉盛宴。

2.4　画面的构图形式

短视频画面的构图形式多种多样。每一种形式都承载着独特的视觉语言与情感表达。依据其内在的本质特性与视觉效果的差异，可以将这些构图形式精妙地划分为四大类别：静态构图、动态构图、封闭式构图与开放式构图。

2.4.1　静态构图

静态构图是使用固定镜头拍摄静止的被摄对象和处于静止状态的运动对象的一种构图形式。静态构图是短视频画面构图的基础。静态构图追求的是画面内部的平衡与和谐。它侧重于在某一特定瞬间，通过精心安排的元素布局与光影效果，营造出一种稳定而深远的视觉感受。

静态构图具有以下 4 个特点。

（1）表现静态对象的性质、形态、体积、规模和空间位置。

（2）画面结构稳定，在视觉效果上有一种强调意义。特写拍摄人物时能够表现出人物的神态、情绪和内心世界，全景或远景拍摄景物时能够展现出画面的意境。

（3）画面给人以稳定、宁静、庄重的感觉，但长时间的静态构图容易使人产生呆板、沉闷的感觉。

（4）画面主体与陪体，以及主体、陪体与环境的关系，非常清晰。

2.4.2　动态构图

动态构图是短视频画面中的表现对象和画面结构不断发生变化的一种构图形式。动态构图在各类短视频作品中被广泛运用，它是短视频最常用的构图形式。使用固定镜头拍摄运动的主体，或使用运动镜头拍摄固定的主体，都可以获得动态构图效果。动态构图形式多样，其强调的是构图视觉结构变化和画面形式变化，以便给观众呈现更多的信息量。

动态构图具有以下 4 个特点。

（1）可以详细地表现动态人物的表情及对象的运动过程。

（2）被摄对象的形象往往是逐次展现，其完整的视觉形象靠视觉积累形成。

（3）画面中的所有造型元素，如光色、景别、角度、主体在画面中的位置、环境、空间深度等，都在变化之中。

（4）运动速度不同，可以表现不同的情绪和多变的画面节奏。

2.4.3　封闭式构图

封闭式构图像是一个精心设计的舞台，画面中的元素被巧妙地安排在一个有限的空间内，形成一个相对完整的视觉世界。这种构图方式注重画面的内在逻辑与完整性，通过明确的边界与视觉中心，引导观者聚焦于画面内部的故事与情感。在封闭式构图中，观者的想象力被巧妙地引导至画面所呈现的场景之中，与作品产生共鸣。图 2-38 所示为采用封闭式构图的视频画面效果。

图 2-38　封闭式构图的视频画面效果

封闭式构图具有以下两个特点。

（1）主体是一个完整体，画面内的主体独立、统一、完整，观众的视觉和心理感觉完全被限定在画框内的主体上。

（2）注重构图的均衡性，使观众获得视觉上和心理上的稳定感。

封闭式构图适用于拍摄纪实性专题片和抒情风光片。封闭式构图也有助于塑造严肃、庄重、优美、平静、稳健等感觉色彩的人物或生活场面。

2.4.4　开放式构图

开放式构图是不限定主体在画面中所处位置的一种构图形式。开放式构图不强调构图的完整性、均衡性和统一性，而是着重表现画框内的主体与画框外可能存在的人物或景物之间的联系，引导观众对画框外的空间产生联系和想象。在开放式构图中，画面不再是一个封闭的故事，而是一个开放的起点，引导观者走向更加广阔的思考与联想空间。图 2-39 所示为采用开放式构图的视频画面效果。

图 2-39　开放式构图的视频画面效果

开放式构图具有以下 3 个特点。

（1）主体往往是不完整的，表现出一种视觉独特的构图艺术。

（2）构图往往是不均衡的，观众可以通过想象画框外存在与画框内主体相关联的事物，来实现心理上的均衡。

（3）表现的重点是主体与画框外空间的联系，引导观众关注画框外的空间，引发观众思考并参与画面意义的构建。

开放式构图适用于展现以动作、情节、生活场景为主题的短视频内容。

2.5 拍摄画面的景别

景别是指在不同的拍摄距离下，被摄物体在视频画面中所占的空间比例或展示范围的不同，从而营造出各具特色的视觉感受与叙事张力。这种差异不仅影响着观众对场景细节的捕捉程度，还深刻作用于情感的传达与故事的叙述节奏，是影视语言中不可或缺的一部分。景别一般分为以下 8 类。图 2-40 所示为不同景别的示意图。

图 2-40 不同景别示意图

1. 远景

远景一般用来表现远离拍摄设备的环境全貌，展示人物及其周围广阔的空间环境。它仿佛引领观众从远方眺望，赋予画面以广阔的视野与深邃的层次，让自然界的壮丽景色或人造环境的宏大布局尽收眼底。在这样的构图下，人物虽以较小比例呈现，却成为了连接广阔背景与细腻情感的纽带，背景则自然而然地占据了画面的主导地位，营造出一种宏大的叙事氛围。

远景镜头不仅赋予画面以强烈的整体感，使观众能够领略到环境的全貌与氛围，同时也巧妙地进行留白，留给观众无限的想象空间。尽管细节之处或许因距离而略显模糊，但正是这种模糊，促使观众更加专注于整体构图的意境与情感的传达。图 2-41 所示为视频中的远景画面效果。

2. 大全景

大全景是指包含整个拍摄主体的全貌与其所处的周边环境，构建出一幅既全面又具深意的画面构图。它常被巧妙地运用于视频作品的开篇或关键转场，作为环境介绍的核心元素，引导观众瞬间穿越至故事发生的广阔舞台。

3. 全景

全景精准地捕捉了场景的全貌与人物全身动作的流畅展现，既避免了远景中因细节模糊而难以深入观察的局限，又克服了中近景视角下难以全面展示人物体态与动作完整性的不足。

在全景画面中，人物的形貌被完整呈现，与环境背景自然融合，形成了视觉上的和谐统一。全景画面不仅使观众能够清晰感知到人物与人物之间、人物与环境之间的微妙关系，更在叙事、抒情，以及深入阐述人物所处环境对其性格、行为影响的层面上，发挥了独一无二的作用。图 2-42 所示为视频中的全景画面效果。

图 2-41　视频中的远景画面效果

图 2-42　视频中的全景画面效果

4. 中景

当画框的下沿恰好落在拍摄对象的膝盖位置，或者画面构图聚焦于场景的一个特定局部区域时，这样的视觉呈现称为"中景画面"。

中景是叙事功能最强的一种景别。在包含对话、动作和情绪交流的场景中，中景能够游刃有余地展现人物间细腻入微的关系互动，还巧妙地融合了人物与周遭环境的和谐共生。中景的独特魅力在于，它能够深刻揭示人物的内在身份特质，精准捕捉每一个动作的精髓及其背后的动机与目的。在表现多人场景时，中景不仅能够清晰地勾勒出每位人物的神态举止，更能在方寸之间巧妙布局，揭示出人物间错综复杂的关系网络，让观众能深刻理解角色间的互动与冲突。图 2-43 所示为视频中的中景画面效果。

5. 半身

如果希望在画面中深刻挖掘并展现人物的内心世界与丰富情感，半身景别无疑是一个精妙的选择。半身构图经过精心设定，画面底部巧妙延伸至人物的腰部稍上方，同时，头部上方亦留有恰到好处的空间，以营造一种既聚焦又不失呼吸感的视觉体验。半身也可以称为"中近景"。图 2-44 所示为视频中的半身画面效果。

图 2-43　视频中的中景画面效果

图 2-44　视频中的半身画面效果

6. 近景

将镜头聚焦于人物胸部以上的区域,或是物体的某一精选局部,这样的画面构图便构成了近景。近景实现了对人物或物体近距离、高清晰度的审视,使得人物的每一个微妙动作都能被捕捉下来。

在近景镜头下,人物的面部表情成为了叙述故事、传递情感的关键所在。每一丝眼神的流转、每一次唇角的轻扬或紧抿,都被无限放大,成为解读人物内心世界、塑造其鲜明个性的有力工具。图 2-45 所示为视频中的近景画面效果。

7. 特写

当画框的底部精确地对准人物的肩部之上,或是将视角聚焦于被摄对象的某一极具代表性的微小细节,此刻所捕捉的画面便被誉为特写镜头。特写镜头中,被拍摄对象充满画面,比近景更加接近观众。

特写画面视角最小,视距最近,画面细节最突出,所以能够最好地表现对象的线条、质感、色彩等特征。特写画面是对物体的局部放大,并且在画面中只呈现这个单一的物体形态,所以使观众不得不把视觉集中,近距离仔细观察。特写有利于细致地对景物进行表现,也更易于被观众重视和接受。图 2-46 所示为视频中的特定镜头画面效果。

图 2-45　视频中的近景画面效果　　　　图 2-46　视频中的特写镜头画面效果

8. 大特写

大特写仅仅在画框中包含人物面部的局部,或突出某一拍摄对象的局部。当一个人的头部完全充盈整个屏幕时,称之为特写镜头;而若镜头更进一步,无限地逼近,直至人物的眼眸成为画面的绝对主宰,这样的镜头便升华为大特写镜头。

大特写镜头与特写镜头在功能层面异曲同工,皆用于深刻揭示被摄主体的内在情感与特质,只不过在艺术效果上更加强烈。

2.6　本章小结

完成本章内容的学习后,读者将全面掌握短视频制作领域不可或缺的拍摄设备知识,进而能够根据自身需求与创作风格,精准挑选出最适合自己的拍摄利器。此外,读者还将深刻理解画面的构图方法、构图形式和画面景别的相关理论知识,并在短视频素材的拍摄过程中运用所学习的知识,拍摄出既富有美感又富含深意的精美短视频素材。

2.7 课后练习

完成本章内容的学习后，接下来通过课后练习，检测一下读者对本章内容的学习效果，同时加深读者对所学知识的理解。

一、选择题

1. 用手机拍摄时，可以配备专业的（　　），这样操作时可以避免因为手抖动造成的视频画面晃动等问题，适用于一些对拍摄技巧需求高的用户。

　　A. 手持云台　　　　B. 自拍杆　　　　C. 手机支架　　　　D. 手机外置摄像镜头

2. 短视频拍摄对于稳定设备要求非常高，以下哪种设备不属于短视频拍摄中的稳定设备？（　　）

　　A. 三脚架　　　　　B. 视频云台　　　　C. 自拍杆　　　　D. 稳定器

3. （　　）并不算日常短视频拍摄的必备器材，但是如果想要获得更好的视频画质，是必不可少的。

　　A. 拍摄设备　　　　B. 稳定设备　　　　C. 收声设备　　　　D. 灯光设备

4. （　　）拍摄最大的优点在于主体突出、明确，而且画面容易达到左右平衡的效果，并且构图简练，非常适合用来表现物体的对称性。

　　A. 九宫格构图　　　B. 中心构图　　　　C. 三分线构图　　　D. 前景构图

5. （　　）精准地捕捉了场景的全貌与人物全身动作的流畅展现，避免了远景中因细节模糊而难以深入观察的局限。

　　A. 远景　　　　　　B. 中景　　　　　　C. 近景　　　　　　D. 全景

二、判断题

1. 在室内拍摄商品视频时，常常需要用到柔光箱，一般需要配备 2 盏灯。比较通用的布光方法是两点布光，由主灯来照亮被拍摄主体，辅灯来对暗部进行补光，（　　）

2. 在拍摄过程中，摄像机运动的速度要保持均匀，切忌时快时慢、断断续续，要保证节奏的连续性。（　　）

3. 九宫格构图中只有一个趣味中心，这个趣味中心在画面中心位置上，这样能够很好地突出视频拍摄主体。（　　）

4. 在开放式构图中，主体往往是不完整的，表现出一种视觉独特的构图艺术。（　　）

5. 全景一般用来表现远离拍摄设备的环境全貌，展示人物及其周围广阔的空间环境。（　　）

三、操作题

在短视频平台上浏览拍摄精美的短视频作品，并认真分析在短视频画面中所使用的构图方式和画面表现技巧。

第3章
短视频拍摄方法与元素

　　前期拍摄是短视频创作的基础，想要拍摄出精美的素材，必须掌握一系列核心技术，包括流畅自如的运镜技巧、精妙的画面构成元素布局、光线的运用、色彩的艺术性及影调的细腻把握。这些专业知识与技能的深度融合，是打造高质量短视频素材的关键所在。

　　本章将向大家介绍短视频拍摄方法和拍摄元素的相关知识，包括短视频拍摄的运镜方式、拍摄的主体、拍摄的陪体、拍摄的环境、拍摄的画面留白、画面的光线、画面的色彩及画面的影调等内容，使读者能够理解并掌握短视频素材的拍摄方法和技巧。

学习目标

1. 知识目标
- 了解不同拍摄角度的表现效果。
- 了解固定镜头和运动镜头的拍摄形式。
- 理解画面中主体的作用和表现方法。
- 理解画面中陪体的作用和表现方法。
- 理解画面中前景和背景的作用与表现方法。
- 理解画面中留白的作用和表现方法。
- 了解画面中光线的作用与造型。
- 了解画面中色彩的造型功能与情感意义。
- 了解画面中的影调。

2. 能力目标
- 能够在素材的拍摄中使用不同的运镜方式。
- 能够在素材拍摄中合理运用光线、色彩和影调。

3. 素质目标
- 具备良好的社会适应能力，快速融入新环境和新团队，与他人协作完成任务。
- 具备团队协作意识，能够积极参与团队活动，为团队目标贡献力量。

3.1　短视频拍摄的运镜方式

　　在正式拍摄短视频之前，需要先理解短视频拍摄的专业运镜知识，这样才能在短视频拍摄过程中更好地表现视频主题，表现出丰富的视频画面效果。

3.1.1　拍摄的角度

选择不同的拍摄角度就是为了将被拍摄对象最有特色、最美好的一面反映出来。当然，不同的拍摄角度肯定会得到截然不同的视觉效果。

1. 平拍

平视角度是最接近人眼视觉习惯的视角，也是短视频拍摄中用得最多的拍摄角度。平拍是指拍摄设备的镜头与被拍摄主体都在同一水平线上，由于最接近于人眼视觉习惯，所以拍摄出的画面会给人以身临其境的感觉。平拍给人以平静、平稳的视觉感受。用平视角度来拍摄人物或者建筑物不容易产生变形，适合用在近景和特写的拍摄题材上。图 3-1 所示为平拍的画面效果。

图 3-1　平拍画面效果

平拍有利于突出前景，但主体、陪体、背景容易重叠在一起，对空间层次表现不利，因此在平拍时，要通过控制景深、构图来避免重叠在一起的现象出现。

2. 仰拍

仰拍一般情况下是拍摄设备处于低于拍摄对象的位置，与水平线形成一定的仰角。这样的拍摄角度能很好地表达景物的高大，比如拍摄大树、高山、大楼等。由于采用的是仰视拍摄，视角有透视效果，所以被摄主体会形成上窄下宽的透视效果，这样的画面就给人以高大挺拔的感觉。图 3-2 所示为仰拍的画面效果。

图 3-2　仰拍画面效果

在仰视拍摄中，如果选用广角镜头拍摄，相比于普通镜头会产生更加夸张的视觉透视效果；镜头离拍摄主体越近，这种透视效果越明显，由此带给观众夸张的视觉冲击。另外，仰拍能很好地简化背景。因为仰拍是镜头向上，对准天空，所以可以很方便地简化拍摄主体杂乱的背景，从而突出主体。

3. 俯拍

俯拍是指拍摄设备位置高于人的正常视觉高度向下拍摄。将拍摄设备从较高的地方向下拍摄，与水平线形成一定的俯角，随着拍摄高度的增加，俯角（俯视范围）也在变大，拍摄景物随着高度的增加，透视感在不断增强，最终在理论上景物会被压缩至零而呈现平面化的效果。图 3-3 所示为俯拍的画面效果。

图 3-3　俯拍画面效果

在外景的俯拍中，高度和景别的配合可以是任意角度，可表现人与人、人与空间之间的关系。大的空间中采用俯拍会让人体会到孤立无援的状态，如一个人在沙漠上行走。一般情况下，俯视拍摄很少采用 90°角进行拍摄，但在一些特殊的场景中此手法却能给人带来更为出色的视觉冲击力，例如体现空间的狭小时，这种竖直的俯拍也被称为"上帝之眼"。

4. 倾斜角度

选择倾斜视角进行拍摄，能够让画面看起来更加活泼、更具戏剧性。在采用倾斜角度拍摄时，画面中最好不要有水平线，如地平线、电线杆等，这些线条会让画面产生严重的失衡感，看起来很不舒服。图 3-4 所示为倾斜角度拍摄的画面效果。

图 3-4　倾斜角度拍摄的画面效果

5. 鸟瞰角度

鸟瞰镜头是一种以在天空中飞翔的鸟类视角为镜头视角的拍摄手法。鸟瞰镜头往往用来表现壮观的巨大城市市貌、绵延万里的山川河流、万马奔腾的战场、一望无际的辽阔海面等。鸟瞰镜头可以使观众对视野中的事物产生极具宏观意义的情感。图 3-5 所示为鸟瞰角度拍摄的画面效果。

图 3-5　鸟瞰角度拍摄的画面效果

3.1.2　固定镜头拍摄

固定镜头拍摄是指在摄像机的位置不动、镜头光轴方向不变、镜头焦距长度不变的情况下进行的拍摄。固定镜头这种"三不变"的特点，决定了镜头画框处于静止状态。需要注意的是，虽然画框不变，但画面表现的内容对象既可以是静态的，也可以是动态的。固定镜头画框的静态给观众以稳定的视觉效果，保证了观众在视觉生理和心理上得以顺利接收画面传达的信息。图 3-6 所示为资讯类短视频截图，这样的短视频通常采用固定镜头拍摄。

图 3-6　固定镜头拍摄的画面效果

固定镜头是短视频作品中最基本、应用最广泛的镜头形式。一切运动形式都是以静止为前提的，因此，固定镜头拍摄是运动镜头拍摄的前提和基础。拍摄者只有掌握了固定镜头拍摄的技能，才有可能更好地运用运动镜头拍摄。下面向大家介绍 3 个固定镜头拍摄的小技巧。

1. 镜头要稳

固定镜头画框的静态性要求固定镜头拍摄的画面要稳定，否则就会影响画面内容的质量。凡是有条件的都应该尽可能使用三脚架或其他固定摄像机机身的方式进行拍摄。

2. 静中有动

由于固定镜头画框不动，构图保持相对的静止形式，容易产生画面呆板的感觉，因此要特别注意捕捉或调动画面中的活动元素，做到静中有动、动静相宜，让固定镜头也充满生机和活力。

3. 合理构图

固定镜头拍摄非常接近于绘画和摄影，因而构图非常关键。在拍摄时，要选好拍摄的方向、角度及距离，注意前后景的安排以及光线与色彩的合理运用，实现画面的形式美，增强画面的艺术性和可视性。

3.1.3 运动镜头的形式

运动镜头拍摄主要包括推镜头、拉镜头、摇镜头、移镜头、跟镜头、升降镜头、甩镜头和综合镜头等形式。

1. 推镜头

推镜头是指移动摄像机或使用可变焦距的镜头由远及近向被摄主体不断接近的拍摄方式。

推镜头有两种方式：一种是机位推；另一种是变焦推。机位推即摄像机的焦距不变，通过摄像机自身的物理运动，让摄像机越来越靠近被摄主体。机位推往往用于描述纵深空间。变焦推即在机位不变的情况下，通过镜头做光学运动，即变焦环由广角转换到长焦，将画面中的被摄主体放大。变焦推常用于表现静态人们的心理变化。当然也可以综合运用两种方式，机位推进的同时变焦推进。图 3-7 所示为推镜头在短视频拍摄中的应用。

图 3-7　推镜头在短视频拍摄中的应用

2. 拉镜头

拉镜头和推镜头正好相反，拉镜头是摄像机不断远离被摄主体或变动焦距（由长焦到广角）由近及远地离开被摄主体的拍摄方式。图 3-8 所示为拉镜头在短视频拍摄中的应用。

图 3-8　拉镜头在短视频拍摄中的应用

拉镜头也有两种方式：一种是机位拉；另一种是变焦拉。机位拉即摄像机的焦距不变，通过摄像机自身的物理运动，让摄像机越来越远离被摄主体。机位拉适合展现开阔的视野场景。变焦拉即在机位不变的情况下，通过镜头做光学运动，即变焦环由长焦转换到广角，将画面中的被摄主体缩小。变焦拉适用于表现较小空间关系中人物拍摄、景别处理的变化。

3. 摇镜头

摇镜头是指摄像机的机位不变而改变镜头拍摄的轴线方向的拍摄方式。这是一种类似于人站定不动，只转动头部环顾四周观察事物的方式。摇镜头可以左右摇、上下摇、斜摇或者旋转摇。图 3-9 所示为摇镜头在短视频拍摄中的应用。

图 3-9　摇镜头在短视频拍摄中的应用

4. 移镜头

移镜头是指摄像机的机位发生变化，边移动边拍摄的拍摄方式。移镜头包括横移（摄像机运动方向与拍摄主体运动方向平行）、纵深移（摄像机在拍摄主体运动轴线上同步纵向运动）、曲线移（随着拍摄主体的复杂运动而做曲线移动）等多种方式。图 3-10 所示为移镜头在短视频拍摄中的应用。

图 3-10　移镜头在短视频拍摄中的应用

5. 跟镜头

跟镜头是指摄像机始终跟随运动的被摄主体一起运动的拍摄方式。跟镜头的运动方式可以是"摇跟"，也可以是"移跟"。跟拍时处于动态中的主体始终出现在画面中，而周围环境可能发生相应的变换，背景也会产生相应的流动感。图 3-11 所示为跟镜头在短视频拍摄中的应用。

图 3-11　跟镜头在短视频拍摄中的应用

6. 升降镜头

升降镜头是指摄像机借助升降设备做上下空间位移的拍摄方式。升降镜头可以多视点表现空间场景，其变化的技巧有垂直升降、弧形升降、斜向升降和不规则升降 4 种。图 3-12 所示为升降镜头在短视频拍摄中的应用。

图 3-12　升降镜头在短视频拍摄中的应用

7. 甩镜头

甩镜头是指急速地快摇摄像机镜头的拍摄方式，它是摇镜头拍摄的一种特殊拍法。通常是前一个画面结束后不停机，镜头快速摇转向另一个画面，使被摄对象发生急剧变化而变得模糊不清，从而迅速改变视点。甩镜头的效果类似于人们观察事物时突然将头转向另一事物。甩镜头可用于强调空间的转换和同一时间内在不同场景中所发生的并列情景。图 3-13 所示为甩镜头在短视频拍摄中的应用。

图 3-13　甩镜头在短视频拍摄中的应用

8. 综合镜头

综合镜头是指在一个镜头内将推、拉、摇、移、跟、升降、甩等多种形式的拍摄手法有机地结合起来使用的拍摄方式。

综合镜头大致可以分为 3 种形式：第一种是"先后"式，即按运动镜头的先后顺序进行拍摄，如推摇镜头就是先推后摇；第二种是"包含"式，即多种运动镜头拍摄方式同时进行，如边推边摇、边移边拉；第三种是"综合"式，即一个镜头内综合前两种拍摄方式。

3.2　拍摄的主体

主体是短视频画面的主要表现对象，是思想和内容的主要载体和重要体现。主体既是表达内容的中心，也是画面的结构中心，在画面中起主导作用。主体还是拍摄者运用光线、色彩、运动、角度、景别等造型手段的主要依据。因此，构图的首要任务就是明确画面的主体。

3.2.1　主体的作用

短视频作为一种高度动态且视觉冲击力强的媒介形式，其画面主体往往处于持续变化之中，可以始终表现一个主体，也可以通过人物的活动、焦点的虚实变化、镜头的运动等不断改变主体形象。这种变化不仅丰富了视频内容，也增强了观众的观看体验。图3-14 所示为以人物为表现对象的画面。

图 3-14　以人物为表现对象的主体画面

提示

在短视频画面中，主体以其千变万化的形态跃然屏上，可以是人或物，也可以是个体或群体。主体可以是静止的，也可以是运动的。

拍摄画面中主体的作用主要表现在以下两个方面。

（1）主体在内容上占有绝对重要的地位，它不仅是故事的灵魂，更是推动情节发展、引领观众情绪起伏的关键力量。主体以其独特的魅力和深邃的内涵，成为了连接创作者与观众之间不可或缺的桥梁。

（2）主体在构图形式上起主导作用，它不仅是视觉感知的汇聚点，更是整幅画面的灵魂所在。

3.2.2　主体的表现方法

突出画面主体有两种方法：一是直接表现；二是间接表现。直接表现就是在画面中给主体以最大的面积、最佳的照明、最醒目的位置，将主体以引人注目、一目了然的结构形式直接呈现给观众。间接表现的主体在画面中占据的面积一般不大，但仍是画面的结构中心，有时容易被忽略，可以通过环境烘托或气氛渲染来反衬主体。

在实际拍摄过程中，突出主体的常见方法有以下 3 种。

1. 运用布局

合理的构图布局能够处理好主体与陪体的关系，使画面结构主次分明。最常见的运用布局突出主体的构图方式有以下 4 种。

（1）大面积构图。主体直接安排在画面最近处，使主体在画面中占据较大的面积，如图 3-15 所示。

（2）中心位置构图。主体被安排在画面的几何中心，即画面对向线相交的点及附近区域。这个区域是画面的中心位置，也是观众视线最为集中的视觉中心，如图 3-16 所示。

图 3-15　大面积构图突出主体

图 3-16　中心位置构图突出主体

（3）九宫格构图。将被摄主体安排在画面九宫格交叉点或交叉点附近的位置上；这些点是视觉中心点，容易被关注，符合人们的视觉习惯，也容易与其他物体形成呼应关系，如图 3-17 所示。

（4）三角形构图。由画面中排列的 3 个点或被摄主体的外形轮廓形成一个三角形，这种构图方法也称为金字塔构图。这种构图给人以稳定、均衡的感觉，如图 3-18 所示。

图 3-17　九宫格构图突出主体

图 3-18　三角形构图突出主体

2. 运用对比

运用各种对比手法同样能突出主体，常见的对比手法有以下 4 种。

（1）利用摄像机镜头对景深的控制，产生物体间的虚实对比，从而突出主体，如图 3-19 所示。

（2）利用动与静的对比，以周围静止的物体衬托运动的主体，或在运动的物体群中衬托静止的主体，如图 3-20 所示。

图 3-19　虚实对比突出主体

图 3-20　动静对比突出主体

（3）利用影调、色调的对比刻画主体形象，使主体与周围其他事物在明暗或色彩上形成对比，以突出主体，如图 3-21 所示。

图 3-21　利用影调、色调对比突出主体

（4）利用大小、形状、质感、繁简等对比手段，使主体形象鲜明突出。

3. 运用引导

运用各种画面造型元素能够将观众的注意力引导到被摄主体上，常用的引导方法有以下 4 种。

（1）光影引导。利用光线、影调的变化将观众的视线引导到主体上。

（2）线条引导。利用交叉线、汇聚线、斜线等线条的变化将观众的视线引导到主体上。

（3）运动引导。利用摄像机的镜头运动或改变陪体的动势，将观众的视线引导到主体上。

（4）角度引导。利用仰拍，强化主体的高度，突出主体的形象；或者利用俯拍所产生的视觉向下集中的趋势，形成某种向心力，将观众的视线引导到主体上。

3.3　拍摄的陪体

陪体，作为画面中不可或缺的组成部分，是与主体紧密相连、共同编织故事情节的重要元素。它们不仅与主体之间存在着微妙的互动关系，更在画面中扮演着至关重要的角色，通过其独特的存在，巧妙地辅助主体深化并展现画面的主题思想。

3.3.1　陪体的作用

精心安排拍摄画面中的陪体，能够增强画面的叙事性，引导观众更深入地理解作品所传达的深层含义，使整幅作品更加丰满、生动且富有感染力。图 3-22 所示的短视频画面中，人物是主体，小鹿是陪体。图 3-23 所示的短视频画面中，人物是主体，人物旁边的相机是陪体。

图 3-22　视频中的主体与陪体（1）　　　　图 3-23　视频中的主体与陪体（2）

拍摄画面中陪体的作用主要表现在以下两个方面。

（1）衬托主体形象，渲染气氛，帮助主体展现画面内涵，使观众正确理解主题思想。例如，拍摄教师讲课的情景时，作为陪体的学生在专心听课，就能说明教师上课具有教学吸引力。

（2）陪体可以与主体形成对比，构图上起到均衡和美化画面的作用。

3.3.2　陪体的表现方法

在实际拍摄中，表现陪体的常见方法有以下两种。

（1）陪体直接出现在画面内与主体互相呼应，这是最常见的表现方式。

（2）陪体放在画面之外，主体提供一定的引导和提示，依靠观众的联想来感受主体与陪体的存在关系。这种构图方式可以扩大画面的信息容量，让观众参与画面创作，引起观众的观赏兴趣。

需要注意的是，由于陪体只起到衬托主体的作用，因此陪体不可以喧宾夺主，在拍摄构图处理上，陪体在画面中所占的面积大小及其色调强度、动作状态等都不能强于主体。

> **提示**
>
> 视频画面具有连续活动的特性，通过镜头运动和摄像机位的变化，主体与陪体之间是可以相互转换的。例如，从教师讲课的镜头摇到学生听课的镜头过程中，学生便由原来的陪体变成了新的主体。

3.4　拍摄的环境

环境是指画面主体周围景物和空间的构成要素。环境在画面中的作用不仅仅是简单展示主体的活动范畴，更是深化主题、丰富画面层次的关键。环境以其独特的语言，细腻地勾勒出时代的风貌、季节的更迭及地域的独特韵味，为观众呈现出一幅幅生动鲜活的生活画卷。

在画面的构成中，环境被细分为前景与背景两大层次。前景往往作为视觉引导，以其近景的细腻描绘，引领观众逐步深入画面的核心；而背景则以其宽广的视野与深远的意境，为画面铺设广阔的舞台，让主体与环境的互动更加自然流畅，共同演绎出一幕幕精彩纷呈的视觉盛宴。

3.4.1　前景

前景是指在视频画面中位于主体前面的人、景、物，前景通常处于画面的边缘。前景元素以其独特的存在感，不仅为画面增添了层次与深度，更以其与主体的巧妙互动，构建出一幅幅生动而富有故事感的视觉场景。图 3-24 所示的短视频画面中，花朵为前景。图 3-25 所示的短视频画面中，椰树为前景。

1. 前景在画面中的作用

前景在拍摄画面中的作用主要表现在以下几个方面。

（1）前景可以与主体之间形成某种特定含义的呼应关系，以突出主体、推动情节发展、说明和深化所要表达的主题的内涵。

图 3-24 花朵为前景

图 3-25 椰树为前景

（2）前景离摄像机的距离近，成像大，色调深，与远处景物形成大小、色调的对比，可以强化画面的空间感和纵深感。

（3）利用一些富有季节特征或地域特色的景物做前景，可以起到表现时间概念、地点特征、环境特点和渲染气氛的作用。

（4）均衡构图和美化画面。选用富有装饰性的物体做前景，如门窗、厅阁、围栏、花草等，能够使画面具有形式美。

（5）增加动感。活动的前景或运动镜头所产生的动感前景，能够很好地强化画面的节奏感和动感。

2. 前景的表现方法

在实际拍摄中，一定要处理好前景与主体的关系。前景的存在是为了更好地表现主体，不能喧宾夺主，更不能破坏、割裂整个画面。因此，前景可以在大小、亮度、色调、虚实等方面采取比较弱化的处理方式，使其与主体区分开来。需要的时候，前景可以通过场面调度和摄像机机位的变化变为背景。

提示

需要注意的是，并不是每个画面都需要有前景，如果前景与主体没有某种必然的关联和呼应关系，就不必使用。

3.4.2 背景

背景主要是指画面中主体后面的景物，有时也可以是人物，用以强调主体环境，突出主体形象，丰富主体内涵。在视频画面的构图中，背景是不可或缺的基石，它不仅是画面层次与空间感的重要来源，更是表达画面内容、营造纵深空间感的灵魂所在。通常选择一些富有地方特色或具有时代特征的背景，如天安门、东方明珠塔等，来交代主体的地点。图 3-26 所示的短视频画面中，雪山、蓝天和白云共同构成了画面的背景。

1. 背景在画面中的作用

背景在拍摄画面中的作用主要表现在以下几个方面。

（1）背景可以表明主体所处的环境、位置，渲染现场氛围，帮助主体揭示画面的内容和主题。

（2）背景通过与主体在明暗、色调、形状、线条及结构等方面的造型对比，可以使画面产生多层景物的造型效果和透视感，增强画面的空间纵深感。

（3）背景可以表达特定的环境，刻画人物性格，衬托、突出主体形象。

图 3-26　短视频的画面背景

2. 背景的表现方法

在短视频拍摄过程中，要注意处理好背景与主体的关系。背景作为画面的延展与衬托，其影调的明暗对比、色调的和谐统一及形象的独特呈现，都需要与主体保持一种恰到好处的平衡。这种平衡旨在确保背景既能丰富画面层次，又不至于过分张扬，从而干扰主体内容的清晰传达，避免"喧宾夺主"之憾。

当背景影响到主体的表现时，拍摄者可以通过精准控制景深，利用光学原理使主体清晰锐利，而背景则自然柔和虚化，形成虚实相生的美妙效果。

如果没有特定需求，画面背景的设计应遵循简约至上的"减法原则"。利用各种艺术手段和技术手段，对背景进行巧妙的精简与提炼，力求画面简洁，旨在营造出一种纯粹而精炼的视觉体验。

3.5　拍摄的画面留白

留白是指画面中看不出实体形象，趋于单一色调的画面部分，如无垠的蓝天、浩瀚的大海、辽阔的大地、绵延的草地，抑或是纯粹的黑、白及任何一种单一色调等。留白，虽看似空无一物，实则意蕴深远，它不仅是画面构成中不可或缺的一部分，更是背景艺术的精髓所在。

3.5.1　留白的作用

通过留白，可以引导观众的视线在虚实之间游走，让想象与情感在无限的空白中自由驰骋，从而赋予画面以更加深邃的意境与广阔的想象空间。图 3-27 所示的短视频画面中，海水部分构成了画面的留白。

留白在拍摄画面中的作用主要表现在以下几个方面。

（1）主体周围的留白使画面更为简洁，可以有效地突出主体形象。

（2）画面中的留白是为了营造某种意境，让观众产生更多的联想空间。

（3）画面中的留白可以使画面生动活泼，没有任何留白的画面会使人感到压抑。

图 3-27　视频画面中的留白

3.5.2　留白的表现方法

在画面构图中，遵循一定的视觉逻辑与心理法则尤为重要。一般情况下，人物视线所向的远方、运动主体前行的轨迹、人物动作的自然延伸，乃至画面中各个元素间的微妙间隙，都应该适当留白。这样的构图符合人们的视觉习惯和心理感受，这点在短视频拍摄时要多加注意。

留白在画面中所占的比例不同，会使画面产生不同的意义。例如，画面留白占据较大的面积时，重在写意；画面留白占据较小的面积时，重在写实。另外，留白在画面中要分配得当，尽可能避免留白和实体面积相等或对称，做到各个实体和谐、统一。

提示

需要注意的是，并不是所有的视频画面都具备上述各个结构元素。实际拍摄时，需要根据画面内容合理地安排陪体、环境和留白，但无论如何运用这些结构元素，目的都是突出主体、表达主题。

3.6　画面的光线

光线是影视摄影的基础，光线不仅是环境的魔法师，能够细腻地营造出或温馨、或神秘、或壮阔的氛围；它还是画面造型的雕塑家，通过光影的交织与对比，勾勒出物体的轮廓，赋予场景以立体感与深度；同时，光线也是人物情感的传达者，能够巧妙地刻画人物形象，无论是喜悦的明媚、沉思的柔和，还是激情的炽烈，都能通过光线的运用被淋漓尽致地展现出现。

3.6.1　光线的作用

在短视频素材的拍摄中，光源主要分为两大类：自然光与人工照明（即人造光）。自然光主要是指大自然的太阳、月光等，以其无可比拟的自然质感与真实感，赋予了作品以生动鲜活的灵魂。人造光涵盖了从传统的日光灯、白炽灯，到现代先进的 LED 光源、聚光灯等多种照明器材所发出的光线，它们以高度的可控性和灵活性，成为摄影师塑造画面、创造氛围的得力助手。无论是为了弥补自然光的不足，还是为了营造特定的光影效果，人造光都能根据创作需求进行精确调控，展现出无限可能。在实际应用中，这两种光可以独立使用，也可以混合使用。

1. 利用光线展示特定的时间环境

自然光以其独有的韵律，精准地勾勒出时间的流转与更迭。清晨的第一缕阳光，温柔而含蓄，预示着新日的启程；正午时分，阳光炽烈，万物沐浴在金色的光辉之下，展现出最为饱满的生命力；而当夕阳西下，天边渐渐染上了一抹橙红，自然光则变得柔和而深邃，为大地披上了一袭温馨的暮色外衣。

在短视频素材拍摄过程中，可以根据作品的主题构思与情节需要，巧妙地运用自然光或精心设计的人造光，来塑造并强化特定的时间环境氛围。这种光影的魔法不仅能够引导观众的视觉体验，更能深刻地触达其情感层面，让作品的故事讲述更加生动而富有感染力。图 3-28 所示的视频画面中，通过自然光线表现出傍晚的时间环境。

2. 利用光线突出主体

巧妙地运用光线的集中照射策略，可以将观众的视觉焦点精准地引导至画面的核心——主体之上。这种光影的聚焦效应不仅赋予了主体以鲜明的轮廓与层次，更在无形中加深了观众对其的关注度与印象，使主体形象跃然于画面之上，成为视觉的焦点与情感的共鸣点。图 3-29 所示的视频画面中，通过光线来突出主体。

图 3-28　通过自然光线表现时间环境　　　　图 3-29　通过光线突出主体

3. 利用光线营造氛围

在同一环境中，巧妙地变换光线处理方式，能够幻化出截然不同的氛围场景。比如，明亮而柔和的光线，如同温暖的阳光穿透云层，不仅照亮了空间，更在无形中营造出一种闲适惬意的氛围。阴暗的光线往往能引发人们内心深处的压抑感，让人不由自主地感受到一种莫名的恐惧与不安。这种光影的转换不仅是对环境氛围的塑造，更是对观众情绪感受的细腻捕捉与深刻引导。图 3-30 所示的视频画面中，通过光线来营造氛围。

4. 利用光线加强屏幕空间透视，增强画面立体感

无论是精心布局的人造光，还是自然光的巧妙捕捉，都能在被摄主体之间编织出一张明暗交织、对比鲜明的影调网络。这张网络不仅勾勒出画面中的明暗对比与反差层次，更在无形中揭示了画面的空间维度与透视效果，使观众仿佛能够穿透屏幕，感受到一个立体而深邃的视觉世界。

光线还能通过其独特的方式，细腻地刻画出人物或物体的立体形态与质感细节。通过调整照射在被摄主体上的光影比例与角度，光线能够在物体表面创造出丰富的光影变化与阴影层次，这些微妙的变化不仅增强了物体的立体感，更让其质感得到了淋漓尽致的展现。图 3-31 所示的视频画面中，通过光线来增强画面立体感。

图 3-30　通过光线营造氛围

图 3-31　通过光线增强画面立体感

3.6.2　光的性质

根据光的性质，光线可能分直射光和散射光。

直射光又称为硬光，以其刚硬而直接的光线特性著称。这种光线不仅显得颇为直接且不加修饰，更赋予被照射物体以鲜明的光影对比：受光面熠熠生辉，而背光区域则深邃幽暗，两者间的明暗界限清晰分明，营造出强烈的视觉冲击力与丰富的层次感。其投影效果也尤为显著，为画面增添了明确的空间深度与立体感，展现出卓越的造型塑造能力。直射光在短视频素材拍摄中常作为主光使用，其典型光源为太阳或聚光灯。图 3-32 所示为直射光的效果。

散射光又称为软光，此类光线仿佛失去了明确的指向性，使得被照射的物体表面无论是受光面还是背光面，都呈现出一种和谐的过渡，明暗对比变得柔和而不强烈，难以察觉到突兀的投影。这种光线下，物体的层次展现得尤为细腻，每一处细节都被柔和地包裹，营造出一种温馨而宁静的氛围。散射光的典型光源为阴天的天空或散光灯。图 3-33 所示为散射光的效果。

图 3-32　直射光效果

图 3-33　散射光效果

3.6.3　光的方向

依据光线投射与拍摄对象之间的相对方向差异，光的方向性可以划分为五大基本类型：顺光、侧光、逆光、顶光以及脚光。

1. 顺光

当光线直接来自拍摄者的后方，正面照亮被摄主体时，即为顺光。这种光线条件下，被摄主体受光均匀，色彩还原自然，细节清晰可见，但顺光画面可能因缺乏明暗对比而显得较为平淡、无层次，缺乏立体感和空间透视感。图 3-34 所示为顺光的画面效果。

2. 侧光

光线从侧面照射被摄主体，形成明显的明暗对比和丰富的层次感，即为侧光。侧光又分为正侧光、前侧光和侧逆光。

正侧光是指光线投射方向与摄像机拍摄方向成90°左右水平角。正侧光可以使被摄主体产生较强的明暗反差及阴影。正侧光能够突出被摄主体的立体感和质感，形成强烈的造型效果。

前侧光是指光线投射方向与摄像机拍摄方向成45°左右水平角。前侧光可以使被摄主体明暗层次丰富，能够较好地表现被摄主体的立体感和质感，造型效果较好，是摄影中运用较多的光线。

侧逆光是指光线投射方向与摄像机拍摄方向成135°左右水平角。侧逆光下被摄主体背向光源，可以勾画出被摄物体的轮廓和形态，使画面具有一定的空间感和立体感。

图 3-35 所示为前侧光的画面效果。

图 3-34　顺光画面效果

图 3-35　前侧光画面效果

3. 逆光

光线源自被摄主体的后方，朝向拍摄者投射而来，形成逆光效果。逆光能够勾勒出被摄主体的轮廓，产生迷人的光晕与剪影效果，并能增强画面的空间感和层次感，但需注意控制曝光以避免主体过暗。在拍摄表现意境的全景和远景时，采用自然逆光，可以获得丰富的景物层次，增强空间感。但由于被摄主体的正面处于阴影中，无法看清细节和色彩，因而不宜多用。图 3-36 所示为逆光的画面效果。

4. 顶光

当光线自头顶上方垂直照射而下时，即为顶光。这种光线条件下，被摄主体的顶部受光强烈，而下部则处于阴影之中，容易形成明显的明暗对比，有时可能因光线过强而需要采取补光措施。图 3-37 所示为顶光的画面效果。

图 3-36　逆光画面效果

图 3-37　顶光画面效果

5. 脚光

与顶光相反，脚光是指从低处向上照射的光线。这种不寻常的光源方向能够赋予被摄主体一种神秘或诡异的氛围，常用于特殊效果的营造，但在日常摄影中较为少见。

3.6.4　光的造型

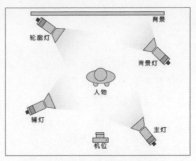

图 3-38　灯光布局示意图

光线依据其塑造视觉效果的独特功能，被细分为多种角色，主要包括主光、辅助光、轮廓光、背景光、修饰光及效果光等，每种光线都承载着不可或缺的创意使命。布光艺术是一门精妙绝伦的综合运用之道，通过巧妙地调配这些光线的力量，共同编织出一幅幅光影交错的视觉盛宴。图 3-38 所示为灯光的布局示意图。

1. 主光

主光是表现主体造型的主要光线，是画面中比较明亮的光线，用来照亮被摄主体最富有表现力的部位。主光在画面上具有明显的光源方向，最容易吸引观众的注意力，起主要的造型作用，故又称为塑造光。主光在整个画面的光线中占主导地位，其他光的配置需要在主光的基础上进行合理安排。主光一般采用聚光灯照明。

主光是描绘主体形态与神韵的核心光线，它在画面中扮演着至关重要的角色，以其显著的亮度成为视觉焦点。这束光线精准地聚焦于被摄主体最具表现力的区域，不仅照亮了形态，更赋予了其生命力与情感色彩。主光在构图中展现出清晰可辨的光源方向性，自然而然地吸引着观众的视线，成为视觉引导的主角，因此，它也被形象地称为"塑造之光"，强调了其在塑造物体立体感与空间感上的决定性作用。

在整个光影布局中，主光占据着无可撼动的领导地位，其存在与布局为其他辅助光源的设定提供了基准与框架。无论是补光、背光还是环境光的设置，都需要紧密围绕主光的效果进行巧妙搭配与调整，以确保整个画面光线的和谐统一与层次分明。为实现主光这一关键效果，聚光灯因其强大的方向性与集中性成为了首选照明工具。

2. 辅助光

辅助光作为主光效果的补充，主要负责平衡画面中的亮度分布，温柔地渗透至被摄主体中被主光遗漏的阴影角落，细腻地填补光线空白，从而有效缩减明暗之间的强烈对比，赋予阴影区域以层次与细腻感。

主光和辅助光的光比要合理，如果反差过大，明暗影调会显得生硬；如果反差过小，明暗影调就会显得柔和。值得注意的是，辅助光的亮度必须始终保持在主光之下，以免喧宾夺主，削弱乃至破坏主光精心构建的造型效果与视觉冲击力。在照明工具的选择上，辅助光既可采用聚光灯以实现定向而柔和的补充照明，也可运用散射灯来营造更为均匀、柔和的光环境。

3. 轮廓光

轮廓光又称为"逆光"，是从被摄主体背后照射过来的光。它可使被摄主体产生明亮的边缘，勾画出被摄主体的轮廓形状，将物体与物体之间、物体与背景之间分开，以突出主体，增强画面的纵深感和立体感。

轮廓光的运用需要恰到好处，其强度需要精心调控。若光线过于强烈，非但不能彰显其美化效果，反而可能导致轮廓边缘显得粗糙、模糊，即所谓的"发毛"现象，进而影响画面的整体美感与清晰度。

在摄像艺术中，主光、辅助光与轮廓光构成了最为基础且不可或缺的三大光线要素，运用这3种光线进行精心布局与调配的过程，便是被誉为经典之作的"三点布光"技法。

4. 背景光

背景光是指照亮被摄主体背景的光，它的作用在于能够细腻地照亮被摄主体所处的环境背景。它不仅负责提升背景的亮度层级，确保整个画面光线的均衡与和谐，还巧妙地消除了被摄主体在背景上可能产生的阴影，从而实现了主体与背景之间的清晰分离，进一步凸显了被摄主体的中心地位。

通过精心调控光线的色彩、强度与分布，背景光能够生动地再现特定的环境氛围与时空特征，为画面营造出一种独特的情感基调或故事氛围。为实现这一艺术效果，散光灯成为了背景光照明的理想选择，其柔和而均匀的光线特性，能够确保背景区域得到全面而细腻的照亮，避免了光线不均可能带来的突兀感。

5. 修饰光

修饰光是指照亮被摄主体某一细节特征的光线，主要用来突出被摄主体的某一细节造型，常见的修饰光有眼神光、头发光、服饰光等。

通过对被摄主体局部与细节的精心雕琢，修饰光不仅增强了视觉的层次感与立体感，更让形象跃然于镜头之前，既鲜明又和谐，产生超越现实的艺术美感。这种光线的运用是对自然光效的微妙补充与升华，让每一个细节都散发着不容忽视的魅力。需要注意的是，修饰光的运用需要遵循适度原则，避免过于强烈而显得突兀，以免破坏整体光效的和谐统一与真实感。

6. 效果光

效果光是指运用人工造光来模拟现实生活中独特氛围与特殊效果的光线。通过精心布置与调控，效果光能够精准地再现或强化特定环境的质感、时间的流转及气候的变幻莫测，让观众仿佛置身于一个又一个精心编织的梦境之中。常见的效果光有烛光、火光、台灯光、电筒光、汽车光、闪电光等。

3.7 画面的色彩

色彩是图片和视频画面的重要造型元素和主要表现手法。色彩除了可以再现现实生活中的自然颜色，更重要的是能够表达人们的某种情况和心理感受。色彩不仅能够塑造出鲜明而生动的视觉形象，更能够深刻地传达出作品的主题与内涵，引导观众进入一个又一个充满想象与共鸣的艺术世界。因此，在短视频素材的拍摄中，对色彩的精心运用与巧妙搭配，是提升作品艺术价值与感染力的关键所在。

3.7.1 色彩的基本属性

每一种色彩均蕴含了三大核心属性，即色相、明度与饱和度，这三者共同构成了色彩学的基石，被称为色彩的三大基本要素或三大属性。

1. 色相

色相作为色彩的独特标识，是其最本质且最引人注目的特征。色相源于光线中不同波长的光谱映射于人类视网膜上的独特感知，这些感知汇聚成人们所能辨识的万千色彩，如炽热的红、温暖的橙、明媚的黄、生机的绿、宁静的青、深邃的蓝和梦幻的紫等，它们共同编织了自然界的斑斓画卷。色相由原色、间色和复色构成。

2. 明度

明度，作为视觉感知中不可或缺的一环，它刻画了光源与物体表面所呈现出的明暗层次与深浅变化。简而言之，明度不仅反映了光源本身的强弱变化，也深刻地揭示了物体表面因光线照射而展现出的光影之美，是一种由光线强弱主导的、深刻影响人们视觉体验的重要属性。

在无彩色中，明度最高的色彩是白色，明度最低的色彩是黑色。在有彩色中，每一种色相都蕴含着独特的明度特征。不同色相的明度也不同，黄色以其明亮活泼的性格，成为有彩色中明度最高的代表；紫色则是有彩色中明度最低的存在，它深邃而含蓄，引人遐想。

3. 纯度

纯度又称为饱和度，是指色彩的纯正程度，色彩纯度越高就越鲜艳。饱和度取决于该色彩中含色成分和消色成分（灰色）的比例，含色成分越大，饱和度越高；消色成分越大，饱和度越低。各种单色光是最饱和的色彩。

3.7.2　色彩的造型功能

色彩在画面中的造型功能的核心在于其自带的丰富视觉效果，这种效果尤为显著地展现在色彩间的和谐共生与鲜明对比之中。通过对画面上各类色彩的明度层次、比例分布、面积占比及空间位置的设置，可以巧妙地营造出千变万化的视觉体验，造成画面不同的明暗、浓淡、冷暖等视觉感受。

色彩基调是指一张图片或一部短视频作品的核心色彩倾向。在短视频的创作过程中，色彩基调的选择并非随意而为，而是需要创作者深思熟虑，紧密围绕短视频的内容主题与情感诉求进行。通过精心挑选与内容相契合的色彩基调，创作者能够引导观众的视觉感知，营造出特定的情绪氛围，使作品更加引人入胜，深入人心。

一般来说，色彩基调按照色性可以分为暖调、冷调和中间调。暖调包括红、橙、黄及与其相近的颜色；冷调包括青、蓝及与其相近的颜色；中间调包括黑、白、灰等中性色。按照色彩的明度划分，可以分为亮调和暗调。

图 3-39 所示为暖调的美食类短视频的画面效果。图 3-40 所示为冷调的旅行类短视频的画面效果。

图 3-39　暖调画面效果　　　　　　　　　　图 3-40　冷调画面效果

3.7.3 色彩的情感与象征意义

色彩不仅仅是视觉上的呈现，更是情感与联想的载体。人们通过长期的实践体验，对不同色彩产生了丰富而深刻的生活与心理感受，这些感受进而转化为特定的色彩情感，激发出各式各样的联想。一般而言，暖色系的色彩，如红色、橙色、黄色及其邻近色调，普遍被赋予热情洋溢、兴奋激昂、活力四射、激动人心的情感特质；冷色系的色彩，如青色、蓝色及其相似色调，则更多地引发人们对宁静致远、低沉深邃、冷静理智的联想。

在短视频的特定情境中，每一种色彩都具有独特的情感意义，有的色彩在表现上往往还具有双重或多重的情感倾向。表 3-1 所示为色彩的基本情感倾向和象征意义。

表 3-1 色彩的基本情感倾向和象征意义

色彩	情感倾向和象征意义
红色	具有热烈、热情、喜庆、兴奋、危险等情感。红色是最醒目、最强有力的色彩，它既可以象征喜悦、吉祥、美好，也可以象征温暖、爱情、热情、冲动、激烈，还可以象征危险、躁动、革命、暴力
橙色	具有热情、温暖、光明、成熟、动人等情感。橙色通常会给人一种朝气与活泼的感觉，使原本抑郁的心情变得豁然开朗
黄色	具有辉煌、富贵、华丽、明快、快乐等情感。黄色给人以明朗和欢乐的感觉，象征着幸福和温馨。在我国的历史传统中，黄色又象征着神圣、权贵
绿色	具有生命、希望、青春、和平、理想等情感。绿色是最春意盎然的色彩，它代表着春天，象征着和平、希望和生命
青色	具有洁净、朴实、乐观、沉静、安宁等情感。青色通常会给人带来凉爽清新的感觉，而且青色可以使人原本兴奋的心情冷静下来
蓝色	具有无限、深远、平静、冷漠、理智等情感。蓝色非常纯净，通常让人联想到海洋、天空和宇宙，是永恒、自由的象征。纯净的蓝色能够表现出一种美丽、文静、理智、安详与洁净。同时蓝色又是最冷的色彩，在特定的情境下，给人一种寒冷的感觉，象征着冷漠
紫色	具有高贵、优雅、浪漫、神秘、忧郁等情感。灰暗的紫色是伤痛、疾病的颜色，容易造成心理上的忧郁、痛苦和不安。明亮的紫色好像天上的霞光、原野上的鲜花、情人的眼睛，动人心神，使人感到美好，因而常用来象征男女之间的爱情
黑色	具有恐怖、压抑、严肃、庄重、安静等情感。黑色容易使人产生忧愁、失望、悲痛、死亡的联想
白色	具有神圣、纯洁、坦率、爽朗、悲哀等情感。白色容易使人产生光明、爽朗、神圣、纯洁的联想
灰色	具有安静、柔和、暧昧、消极、沉稳等情感。灰色较为中性，象征知性、老年、虚无等，容易使人联想到工厂、都市、冬天的荒凉等

提示

在图片和短视频拍摄中，要把握好光源的色温性质对色彩还原产生的影响，正确处理好被摄主体自身的色彩、周围环境的色彩以及照明光源的色彩三者之间的关系，保持影调色彩的一致性。

在构图的色彩因素运用中，一方面要注意对画面主体、陪体和背景的色彩关系进行合理配置，使其形成画面色彩的对比和呼应，从而突出主体、渲染气氛；另一方面要注意色彩的情感意义和象征意义，通过色彩的合理运用，使画面更具有视觉冲击力和艺术表现力。

3.8　画面的影调

影调是指图片或视频画面中的影像所表现出的明暗层次和明暗关系。影调不仅构成了景物具体形象的基石，还在构图布局、氛围营造及情感传达方面扮演着至关重要的角色。在图片和视频拍摄的实践过程中，影调的塑造与呈现深受光线条件的影响。具体而言，光线的强度与角度变化成为调控画面影调的关键因素。

根据影调的明暗不同，画面的影调可以划分为亮调、暗调和中间调。在短视频创作中，这些影调并非独立存在，而是与剧情内容紧密相连，共同构成了一个影调的总倾向——基调。

3.8.1　亮调

以浅灰、白色及亮度等级偏高的色彩为主构成的画面影调称为亮调或明调，能够营造出一种轻快、明朗、积极向上的氛围。

拍摄亮调画面时，适合选取明亮背景下的明亮主体来构成画面。为了获得明亮主体，多采用正面散射光或顺光照明，同时主体以白色及亮度等级偏高的色彩为主。亮调画面在构成上必须有少量的暗色或亮度等级低的色彩作对比映衬，形成一定的层次感，使亮调更为突出。亮调画面中亮的部分面积大，以明为主，给人以明朗、纯洁、活泼、轻快的感觉。图 3-41 所示为亮调的视频画面效果。

图 3-41　亮调的视频画面效果

提示

在短视频中，亮调常被用于展现欢乐、幸福、希望等正面情绪的场景，如阳光明媚的户外场景、节日庆典的热闹氛围等。亮调的运用能够迅速吸引观众的注意力，提升画面的活力与动感。

3.8.2　暗调

以深灰、黑色及亮度等级偏低的色彩为主构成的画面影调称为暗调或深调，能够营造出一种深沉、神秘、忧郁或压抑的氛围。

拍摄暗调画面时，适合选取深暗背景下的深色主体来构成画面。为了获得深色主体，多采用侧光、逆光或顶光照明，同时主体以黑色及亮度等级偏低的色彩为主。暗调画面在构成上必须有少量的白色、浅灰色或亮度等级偏高的色彩作对比映衬，增加影调层次，以反衬大面积的暗调，使暗调更为突出。暗调画面中暗的部分面积大，以暗为主，给人以深沉、凝重、刚毅的感觉。图 3-42 所示为暗调的视频画面效果。

图 3-42　暗调的视频画面效果

提示

在短视频中，暗调常被用于表达悲伤、孤独、恐惧或悬疑等复杂情感，以及营造夜晚、密室、暗巷等特定环境。暗调的运用能够增强画面的层次感与深度，引导观众深入探索角色的内心世界。

3.8.3　中间调

中间调也称为标准调，介于亮调与暗调之间，既不过于明亮也不过于暗淡，呈现出一种平衡、和谐的状态。中间调画面能够正常表现被摄主体的立体感、质感和色彩，是日常生活中最为常见的影调，给观众以真实、亲切的感受，是短视频作品中最常用的影调形式。

中间调在短视频中更为常见，因为它能够适应多种剧情内容和情感表达的需要。中间调的画面往往更加真实、自然，更容易让观众产生共鸣与代入感。图 3-43 所示为中间调的视频画面效果。

图 3-43　中间调的视频画面效果

3.9　本章小结

完成本章内容的学习后，读者需要能够理解并掌握短视频素材拍摄的精髓与技巧，无论是镜头的灵活运用、元素的巧妙安排，还是光线、色彩与影调的精妙掌控，这些内容都将帮助读者在短视频创作的道路上越走越远，创作出更多令人瞩目的佳作。

3.10　课后练习

完成本章内容的学习后，接下来通过课后练习，检测一下读者对本章内容的学习效果，同时加深读者对所学知识的理解。

一、选择题

1. 选择（　　）进行拍摄，能够让画面看起来更加活泼、更具有戏剧性。

　　A. 仰视角度　　　　B. 俯视角度　　　　C. 倾斜角度　　　　D. 鸟瞰角度

2. 短视频拍摄中用得最多的拍摄角度是？（　　）

　　A. 仰视角度　　　　B. 俯视角度　　　　C. 倾斜角度　　　　D. 平视角度

3. （　　）是指移动摄像机或使用可变焦距的镜头由远及近向被摄主体不断接近的拍摄方式。

　　A. 推镜头　　　　　B. 拉镜头　　　　　C. 移镜头　　　　　D. 跟镜头

4. （　　）是短视频画面的主要表现对象，是思想和内容的主要载体和重要体现。

　　A. 主体　　　　　　B. 陪体　　　　　　C. 环境　　　　　　D. 留白

5. （　　）是指图片或视频画面中的影像所表现出的明暗层次和明暗关系。

　　A. 景别　　　　　　B. 光线　　　　　　C. 色彩　　　　　　D. 影调

二、判断题

1. 推镜头是指摄像机不断远离被拍摄主体或变动焦距（由长焦到广角）由近及远地离开被摄主体的拍摄方式。（　　）

2. 拍摄画面中的陪体可以与主体形成对比，在构图上起到均衡和美化画面的作用。（　　）

3. 实际拍摄时，需要根据画面内容合理地安排陪体、环境和留白，但无论如何运用这些结构元素，目的都是突出主体、表达主题。（　　）

4. 光线从正面照射被摄主体，可以形成明显的明暗对比和丰富的层次感。（　　）

5. 通过对画面上各类色彩的明度层次、比例分布、面积占比及空间位置的设置，可以巧妙地营造出千变万化的视觉体验，造成画面不同的明暗、浓淡、冷暖等视觉感受。（　　）

三、操作题

根据本章所学习的短视频素材拍摄方法和技巧，拍摄生活中的素材，题材不限，用于后期的短视频制作。

第4章
使用《抖音》拍摄制作短视频

随着科技的飞速跃进，短视频行业正以前所未有的速度蓬勃发展，信息传播的主流方式正悄然从传统的图文时代跨越至更为生动、直观的短视频时代。在这一背景下，掌握短视频拍摄技能对于我们而言，不仅变得日益重要，更是顺应时代潮流、把握内容创新机遇的关键所在。

本章将以《抖音》短视频平台为例，讲解短视频的拍摄、剪辑与效果处理，以及短视频封面的设置和短视频发布等相关内容，使读者能够理解并掌握使用《抖音》进行短视频拍摄与效果剪辑的方法和技巧。

学习目标

1. 知识目标
- 理解并掌握使用《抖音》拍摄短视频。
- 能够使用《抖音》中的拍摄辅助工具和道具。
- 了解《抖音》中的分段拍摄和分屏拍摄。
- 掌握导入手机素材的方法。
- 掌握《抖音》中短视频效果的设置方法。
- 掌握《抖音》中短视频的封面设置与发布。
2. 能力目标
- 能够使用"拍同款"功能制作短视频。
- 能够使用"一键成片"功能制作短视频。
- 能够制作旅行分享短视频。
3. 素质目标
- 具备健康的身体和心理素质，能够承受学习和工作的压力。
- 具备资源整合能力，能够合理调配和利用资源，实现工作目标。

4.1 使用《抖音》的拍摄功能

使用短视频平台除了可以观看其他用户拍摄上传的短视频作品，还可以自己拍摄并上传短视频作品，接下来介绍如何使用《抖音》拍摄短视频。

4.1.1　拍摄短视频

　　《抖音》作为一款引领潮流的创意短视频平台，自 2016 年 9 月上线以来，便迅速成为年轻族群心中的璀璨新星。在《抖音》中，用户拥有无限可能。他们可以从海量音乐库中挑选心仪的旋律作为背景，通过简单的操作拍摄出独具特色的短视频，将个人的创意与情感完美融合，创作出独一无二的作品。这些作品不仅是对生活的真实写照，更是用户自我表达与情感交流的桥梁。

　　打开《抖音》，点击界面底部的"加号"图标，如图 4-1 所示。即可进入短视频拍摄界面，如图 4-2 所示。

图 4-1　点击"加号"图标　图 4-2　短视频拍摄界面

　　在界面底部提供了不同的拍摄功能，包括"分段拍""快拍""拍同款"和"开直播"。

　　点击底部的"分段拍"文字，即可切换到"分段拍"模式中，在该模式中允许拍摄时长为 15 秒、60 秒和 3 分钟 3 种不同时长的短视频。选择所需要的拍摄时长，按住界面底部的红色圆形图标不放，即可开始短视频的拍摄。当所拍摄的时长达到所选择的时长后，自动停止短视频的拍摄，如图 4-3 所示。

　　点击底部的"拍同款"文字，可以切换到"拍同款"模式中，《抖音》为用户提供了多种不同类型的短视频模板，如图 4-4 所示，点击即可查看短视频模板的效果，点击某个短视频模板下方的"拍同款"图标，即可快速地创作出同款的短视频。

　　点击底部的"开直播"文字，可以切换到视频直播模式中，就可以开启《抖音》的直播功能，如图 4-5 所示。

图 4-3　"分段拍"模式　　　　图 4-4　"拍同款"模式　　　　图 4-5　"直播"模式

　　默认为"快拍"模式，在该模式中包含 4 个选项卡，选择"视频"选项卡，点击界面底部的红色圆形图标，如图 4-6 所示，可以拍摄时长 15 秒的短视频。在"快拍"模式界面中点击"照片"文字，切换到照片拍摄状态，点击界面底部的白色圆形图标，可以拍摄照片，如图 4-7 所示；点击"文字"文字，切换到文字输入界面，可以输入文字，制作纯文字的短视频，如图 4-8 所示。

图 4-6　拍摄短视频

图 4-7　拍摄照片

图 4-8　文字输入界面

4.1.2　使用拍摄辅助工具

在《抖音》的短视频拍摄界面右侧，为用户提供了多个拍摄辅助工具，分别是"翻转""闪光灯""设置""倒计时""美颜""滤镜""扫一扫"和"快慢速"，如图 4-9 所示，通过这些工具可以有效地辅助创作者进行短视频的拍摄。

1. 翻转

现在几乎所有智能手机都具有前后双摄像头功能，前置摄像头主要是为了方便进行视频通话和自拍使用。在使用《抖音》进行短视频拍摄时，只需要点击界面右侧的"翻转"图标，即可切换拍摄所使用的摄像头，从而方便用户进行自拍。

2. 闪光灯

在昏暗的环境中进行短视频的拍摄时，需要灯光的辅助，《抖音》的短视频拍摄界面中为用户提供了闪光灯辅助照明的功能。

在短视频拍摄界面中点击右侧的"闪光灯"图标，即可开启手机自带的闪光灯辅助照明功能，默认情况下该功能为关闭状态。

3. 设置

点击右侧的"设置"图标，在界面底部将显示拍摄设置选项，如图 4-10 所示。"最大拍摄时长"用于设置快拍模式短视频的最大时长；开启"使用音量键拍摄"功能，可以通过按手机音量键实现短视频的拍摄；开启"网格"功能，可以在拍摄界面显示网格参考线，如图 4-11 所示。

4. 倒计时

使用"倒计时"功能可以实现自动暂停拍摄，从而方便拍摄者设计多个拍摄片段，并且可以通过设置拍摄时间来卡点音乐节拍。

翻转
闪光灯
设置

图 4-9　拍摄辅助工具　　　　图 4-10　显示拍摄设置选项　　　图 4-11　显示网格参考线

点击右侧的"倒计时"图标，在界面底部将显示倒计时的相关选项，如图 4-12 所示。

在倒计时选项右上角可以选择倒计时的时长，这里提供了两种时长供用户选择，分别是 3 秒和 10 秒，拖动时间线可以调整所需要拍摄的短视频的时长，如图 4-13 所示。

点击"开始拍摄"按钮，开始拍摄倒计时，完成倒计时之后自动开始拍摄，到设定的时长后自动停止拍摄，如图 4-14 所示。

倒计时时长
拍摄时长

图 4-12　显示倒计时选项　　　图 4-13　设置相关选项　　　　图 4-14　开始拍摄倒计时

5. 美颜

许多拍摄短视频的创作者都十分看重短视频拍摄时的美颜功能，下面介绍如何使用《抖音》中的短视频拍摄美颜功能。

点击右侧的"美颜"图标，在界面底部显示内置的美化功能选项，包含"磨皮""瘦脸""大眼""眼妆""清晰""美白"等，如图 4-15 所示。

点击一种美颜选项，即可为所拍摄对象应用该种美颜效果，并且可以通过拖动滑块来调整该种美颜效果的强弱，如图 4-16 所示。点击"重置"选项，可以将所应用的美颜效果重置为默认的设置。

图 4-15 显示美颜选项

图 4-16 应用美颜效果

短视频拍摄界面中所提供的美颜功能主要是针对人物脸部起作用，对于其他被摄主体几乎没有作用。

6. 滤镜

在短视频的拍摄过程中还可以为镜头添加滤镜效果，从而使拍摄出来的短视频具有明显的风格化效果。

点击右侧的"滤镜"图标，在界面底部将显示内置的滤镜选项，包含"人像""日常""复古""美食""风景"和"黑白"6 种类型，如图 4-17 所示。在滤镜分类中点击任意一个滤镜选项，即可在拍摄界面中看到应用该滤镜的效果，并且可以通过拖动滑块控制滤镜效果的强弱，如图 4-18 所示。

点击"管理"选项，可以切换到滤镜管理界面，在这里可以设置每个分类中相关滤镜的显示与隐藏，可以将常用的滤镜显示，将不常用的滤镜隐藏，如图 4-19 所示。

点击滤镜分类选项左侧的"取消"图标，可以取消为镜头所应用的滤镜效果。

7. 快慢速

在拍摄短视频时，使用快慢镜头是经常用到的一种手法，以形成突然加速或突然减速的视频效果。在《抖音》中也可以通过"快慢速"功能来控制拍摄视频的速度。

点击右侧的"快慢速"图标，在界面中将显示快慢速选项，默认为"标准"速度，如图 4-20 所示。

《抖音》为用户提供了 5 种拍摄速度选择，可以选择一种速度进行拍摄，在拍摄过程中可以随时暂停，再切换为另一种速度进行拍摄，这样就可以获得在一段短视频中的不同部分表现出不同速度的效果。

需要注意的是，在拍摄过程中如果随意切换快慢速度会导致短视频出现卡顿现象。在进行快慢速拍摄时，当镜头速度调整为"极快"拍摄时，视频录制的速度却是最慢的；当镜头速度调整为"极慢"拍摄时，视频录制的速度却是最快的。其实，这里所说的速度并非我们看到的进度快慢，而是镜头捕捉速度的快慢。

图 4-17 显示滤镜选项　图 4-18 应用滤镜效果　图 4-19 管理滤镜选项　图 4-20 "快慢速"选项

4.1.3 使用道具

在使用《抖音》拍摄短视频时，用户还能巧妙地融入各式各样的道具元素，为创作过程增添无限乐趣与可能性。合理且富有创意地运用这些道具，不仅能够让视频内容瞬间生动起来，还能产生令人眼前一亮的独特效果。

打开《抖音》，点击界面底部的"加号"图标，进入拍摄界面，点击界面左下方的"道具"图标，如图 4-21 所示。在界面底部将显示《抖音》中内置的热门道具，点击某个道具选项，即可预览应用该道具的效果，如图 4-22 所示。点击底部右侧的放大镜图标，可以在界面底部显示内置的多种不同类型的道具，如图 4-23 所示。

图 4-21 点击"道具"图标　图 4-22 预览应用道具效果　图 4-23 显示不同类型的道具

提示

许多内置道具都需要针对人物脸部才能够识别和使用，例如"头饰""扮演""美妆"和"变形"等分类中的道具，这种情况下，可以点击界面右上角的"翻转"图标，使用手机前置摄像头进行自拍，即可使用相应的道具。

图 4-24 查看收藏的道具选项　　图 4-25 取消道具的应用

点击选择某个自己喜欢的道具选项，点击"收藏"图标，可以将所选择的道具加入到"我的"选项卡中，如图 4-24 所示，便于下次使用时能够快速找到。如果不想使用任何道具，可以点击道具选项栏最左侧的"取消"图标，如图 4-25 所示，即可取消道具的使用。

4.1.4　分段拍摄

使用《抖音》进行短视频拍摄时，可以一镜到底持续地拍摄，也可以使用《抖音》中的"分段拍"模式，在拍摄过程中暂停，转换镜头再继续拍摄。例如，如果要拍摄实现瞬间换装的短视频，可以在拍摄过程中暂停拍摄，更换衣服后再继续拍摄。

打开《抖音》，点击界面底部的"加号"图标，进入短视频拍摄界面，点击界面底部的"分段拍"文字，切换到分段拍摄界面，如图 4-26 所示。

点击界面底部的红色圆形图标，即可开始短视频的拍摄，如图 4-27 所示。

可以选择所需要拍摄短视频的时长，默认为 15 秒

图 4-26　切换到"分段拍"模式

显示拍摄时间进度

图 4-27　开始短视频拍摄

> **提示**
>
> "分段拍"模式为用户提供了 3 种短视频时长选择，分别是 15 秒、60 秒和 3 分钟，点击相应的文字即可选择所要拍摄的短视频的时长。

在拍摄过程中点击界面底部的红色正方形图标，即可暂停短视频的拍摄，从而获得第 1 段视频素材，并且界面下方的圆形显示红色的拍摄进度条，如图 4-28 所示。如果点击"删除"图标，可以将刚拍摄的第 1 段视频素材删除。

　　使用相同的操作方法，可以继续拍摄第 2 段视频，如图 4-29 所示。如果要结束短视频的拍摄，可以点击"对号"图标，或者当拍摄时长达到所选择的短视频时长时，自动停止拍摄，并自动切换到短视频编辑界面，播放刚刚拍摄的短视频，如图 4-30 所示。

点击该图标，可以删除刚拍摄的短视频

点击该图标，可以在当前时间结束短视频拍摄

图 4-28　完成第 1 段短视频拍摄　　　图 4-29　继续拍摄短视频　　　图 4-30　短视频编辑界面

　　如果需要直接发布短视频或保存草稿，可以点击界面底部的"下一步"按钮，切换到"发布"界面，如图 4-31 所示。在该界面中可以选择将所拍摄的短视频直接发布或者保存到草稿中。

　　完成短视频的拍摄后，可以先将其保存为草稿，方便后期进行编辑处理。在"发布"界面中点击"存草稿"按钮，即可将短视频保存到草稿箱中。进入《抖音》中的"我"界面，在"作品"选项卡中点击"草稿"选项，进入"草稿箱"界面，如图 4-32 所示。

　　在"草稿箱"界面中点击需要编辑的短视频，可以再次切换到"发布"界面，可以通过右侧的相关功能图标，对短视频进行编辑和效果处理，点击左上角的"返回"图标，在弹出菜单中可以选择相应的操作，如图 4-33 所示。

图 4-31　"发布"界面　　　　图 4-32　"草稿箱"界面　　　　图 4-33　显示相应的操作选项

4.1.5　分屏拍摄

利用《抖音》中的合拍功能可以在一个视频界面中同时显示他人拍摄的多个视频，该功能满足了很多用户想和自己喜欢的"网红"合拍的心愿。

打开《抖音》，找到需要合拍的视频，点击界面右侧的"分享"图标，如图4-34所示。在界面下方显示相应的分享功能图标，点击"合拍"图标，如图4-35所示。程序处理完成后自动进入分屏合拍界面，默认为上下分屏，如图4-36所示。

图4-34　点击"分享"图标　　　图4-35　点击"合拍"图标　　　图4-36　分屏合拍界面

点击界面右侧的"布局"图标，在界面底部显示布局选项，点击"左右布局"图标，切换为左右布局的分屏合拍方式，如图4-37所示。点击"浮动窗口布局"图标，切换为浮动窗口布局的分屏合拍方式，如图4-38所示。点击"上下布局"图标，切换为上下布局的分屏合拍方式。

完成分屏窗口的布局设置后，在屏幕空白处点击即可，点击底部的红色圆形图标，即可开始分屏合拍，如图4-39所示。

图4-37　左右分屏布局　　　图4-38　浮动窗口分屏布局　　　图4-39　开始合拍视频

> **提示**
>
> 　　在浮动窗口布局的小浮动窗口中显示的是所选择需要合拍的短视频，在该界面中可以拖动调整浮动窗口的位置。

4.1.6 使用"拍同款"功能制作短视频

　　《抖音》为用户提供了"拍同款"功能，在"拍同款"界面中为用户提供了多种不同类型的短视频模板，用户可以选择自己喜欢的短视频模板，通过提示替换模板中的素材，从而快速制作出与模板同款的短视频。

> **任务** 使用"拍同款"功能制作短视频
>
> 　　最终效果：资源 \ 第 4 章 \4-1-6.mp4　　视频：视频 \ 第 4 章 \ 使用"拍同款"功能制作短视频 .mp4

　　Step 01 打开《抖音》，点击界面底部的"加号"图标，进入短视频创作界面，点击界面底部的"拍同款"文字，切换到"拍同款"界面中，如图 4-40 所示。在"推荐"分类中点击浏览不同的模板，找到自己喜欢的模板，如图 4-41 所示。

图 4-40 　"拍同款"界面

图 4-41 　浏览喜欢的模板

　　Step 02 在模板底部会显示该短视频模板需要几个素材，点击"拍同款"按钮，在显示的素材选择界面中按顺序选择所需要的图片素材，如图 4-42 所示。点击"下一步"按钮，切换到视频效果编辑界面，如图 4-43 所示。点击"下一步"按钮，切换到短视频发布界面，如图 4-44 所示。

　　Step 03 在发布界面中点击"选封面"选项，进入短视频封面设置界面，选择某一帧视频画面作为短视频封面，如图 4-45 所示。点击界面右上角的"下一步"按钮，进入封面模板选择界面，可以根据需要选择合适的封面模板，如图 4-46 所示。

　　Step 04 点击界面右上角的"保存封面"按钮，完成短视频封面的设置。返回发布界面，还可以在该界面中设置短视频的话题、位置等信息，如图 4-47 所示。

　　Step 05 点击"发布"按钮，将使用"拍同款"功能所制作的短视频发布到《抖音》短视频平台中，自动播放所发布的短视频，如图 4-48 所示。

图 4-42　选择图片素材

图 4-43　视频效果编辑界面

图 4-44　发布界面

图 4-45　选择封面画面

图 4-46　封面模板界面

图 4-47　发布界面

图 4-48　预览短视频效果

4.2 在《抖音》中导入素材

在《抖音》中，用户不仅能够拍摄生动有趣的短视频，还可以将手机中的视频或照片素材导入该应用，进行个性化编辑与处理。这一功能让用户能够灵活运用已有的素材资源，通过《抖音》强大的编辑工具进行创意加工，最终打造出独具匠心、精彩纷呈的短视频作品，并轻松分享给观众。

4.2.1　导入手机素材

进入《抖音》的短视频拍摄界面，点击右下角的"相册"图标，如图 4-49 所示。进入相册素材选择界面，选择"视频"选项卡，选择需要导入的视频素材，如图 4-50 所示。点击"下一步"按钮，进入视频效果编辑界面，自动播放所导入的视频，如图 4-51 所示。

图 4-49　点击"相册"图标　　　　图 4-50　选择视频素材　　　　图 4-51　预览视频素材

4.2.2　使用"一键成片"功能制作短视频

通过使用《抖音》中的"一键成片"功能，能够智能地对用户所选择的素材进行分析并推荐适合的模板，用户几乎不需要特别的设置和操作，即可快速完成短视频的制作，非常方便、快捷，而且具有非常不错的视觉效果。

> **任务** 使用"一键成片"功能制作短视频
> 　　　　最终效果：资源 \ 第 4 章 \4-2-2.mp4　　视频：视频 \ 第 4 章 \ 使用"一键成片"功能制作短视频 .mp4

Step01 打开《抖音》，点击界面底部的"加号"图标，进入短视频创作界面，点击界面底部的"拍同款"文字，切换到"拍同款"界面中，如图 4-52 所示。点击界面右上角的"一键成片"按钮，在弹出的素材选择界面中选择多张手机中的图片素材，如图 4-53 所示。

Step 02 完成图片素材的选择后，点击界面右下角的"一键成片"按钮，《抖音》App会自动对所选择的图片素材进行分析和处理，并显示处理进度，如图4-54所示。分析处理完成后，显示处理后的效果，并在界面底部为用户推荐了多款适合的模板，如图4-55所示。

图4-52 "拍同款" 　　图4-53 选择 　　图4-54 显示处理进度 　　图4-55 推荐多款
界面 　　多张图片素材 　　　　　　　　　　　　　适合的模板

Step 03 在界面底部点击预览推荐模板的效果，选择一种合适的模板，如图4-56所示。点击界面右上角的"保存"按钮，可以保存短视频效果并返回到视频效果编辑界面，如图4-57所示。

Step 04 可以使用界面右侧所提供的功能图标，为短视频添加文字、贴纸、特效、滤镜和画质增强效果。例如这里点击"画质增强"图标，使短视频的画面色彩更鲜艳一些，如图4-58所示。

图4-56 选择合适的模板 　　图4-57 返回视频效果编辑界面 　　图4-58 开启"画质增强"效果

Step 05 点击"下一步"按钮，进入发布界面，如图4-59所示。点击"发布"按钮，即可完成该条短视频的发布，可以看到使用"一键成片"功能快速制作的电子相册效果，如图4-60所示。

图 4-59　发布界面

图 4-60　预览短视频效果

4.3　丰富短视频效果

完成短视频的拍摄后，可以直接在《抖音》中对短视频的效果进行设置，通过精心挑选的背景音乐，为视频注入灵魂；添加创意文字，让每一帧画面都富含深意；运用趣味贴纸，增添无限趣味与个性；融合炫酷特效与精致滤镜，不仅美化了视频的视觉呈现，更让作品脱颖而出，成为令人瞩目的视觉盛宴。

4.3.1　选择背景音乐

《抖音》作为一款音乐短视频 App，背景音乐自然是不可缺少的重要元素之一，背景音乐甚至能够影响短视频拍摄的思维与节奏。

进入《抖音》的短视频拍摄界面，点击界面右下角的"相册"图标，进入相册素材选择界面，选择"视频"选项卡，选择需要导入的视频素材，如图 4-61 所示。点击"下一步"按钮，进入短视频效果编辑界面，点击界面上方的"选择音乐"按钮，如图 4-62 所示。在界面底部将显示一些自动推荐的背景音乐，如图 4-63 所示。

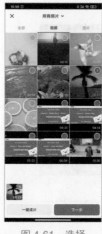

图 4-61　选择
视频素材

图 4-62　点击
"选择音乐"按钮

图 4-63　显示自动
推荐的背景音乐

点击"搜索"图标，显示搜索文本框和相关选项，如图 4-64 所示。可以直接在搜索文本框中输入音乐名称进行搜索，也可以点击"发现更多音乐"选项，显示更多推荐的音乐，如图 4-65 所示。在音乐列表中点击音乐名称，可以试听并选择该音乐，点击音乐名称右侧的"星号"图标，可以将音乐加入收藏，如图 4-66 所示。

图 4-64　显示音乐搜索选项

图 4-65　显示更多推荐的音乐

图 4-66　选择音乐

点击界面底部的"收藏"文字，切换到"收藏"选项卡中，在该选项卡中显示了用户加入收藏的音乐，便于快速使用，如图 4-67 所示。点击所选择音乐名称右侧的"剪刀"图标，显示音乐剪辑选项，可以通过左右拖动音乐声谱，从而剪辑与短视频长度相等的一段音乐，完成后点击"完成"文字，如图 4-68 所示。

点击界面底部的"原声"选项，可以关闭或打开视频素材中的原声；点击界面底部的"配乐"选项，可以关闭或打开为视频素材所添加的音乐；点击界面底部的"音量"，可以显示音量设置选项，如图 4-69 所示。"原声"选项用于控制视频素材原声的音量大小，"配乐"选项用于控制所选择音乐的音量大小，可以通过拖动滑块的方式来调整"原声"和"配乐"的音量大小。点击界面底部的"字幕"选项，可以自动识别所添加音乐中的歌词文字。

图 4-67　显示收藏的音乐

图 4-68　音乐剪辑界面

图 4-69　音量设置选项

4.3.2　视频剪辑

进入《抖音》的短视频拍摄界面，点击短视频拍摄界面右下角的"相册"图标，导入一段视频素材，如图 4-70 所示。点击"下一步"按钮，进入短视频效果编辑界面，点击界面右侧的"剪辑"图标，如图 4-71 所示。进入视频素材剪辑界面中，如图 4-72 所示。

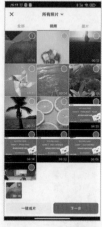

图 4-70　选择视频素材

图 4-71　点击"剪辑"图标

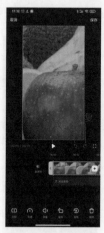

图 4-72　进入剪辑界面

> **提示**
>
> 点击"播放"图标，可以在预览区域中播放短视频；点击"撤销"图标，可以撤销刚刚在剪辑界面中所做的剪辑操作；点击"恢复"图标，可以恢复刚撤销的操作；点击时间轴右侧的"加号"图标，切换到素材选择界面，可以在时间轴中继续添加素材。

选择时间轴中的视频素材，该段素材会显示黄色的边框，按住并拖动素材黄色边框的两侧，可以对素材进行裁剪，如图 4-73 所示。对视频素材进行裁剪后，所导入的视频素材的时长也会发生相应的改变。

将时间指示器移至需要分割视频的位置，点击底部工具栏中的"分割"图标，可以在当前位置对视频素材进行分割，如图 4-74 所示。

在时间轴中点击选择不需要的素材，点击底部工具栏中的"删除"图标，可以将所选中的素材删除，如图 4-75 所示。

在时间轴中选择需要变速处理的素材，点击底部

图 4-73　对素材进行裁剪操作

图 4-74　分割视频素材

图 4-75　删除素材

工具栏中的"变速"图标，在界面底部显示变速设置选项，可以拖动滑块调整视频素材的播放速度，如图 4-76 所示。完成变速选项的设置后，点击"对号"图标，即可应用变速设置。

点击底部工具栏中的"音量"图标，在界面底部显示音量设置选项，可以拖动滑块调整视频素材中的音量大小，如图 4-77 所示。

点击底部工具栏中的"旋转"图标，可以将视频素材按顺时针方向旋转 90 度，如图 4-78 所示。

图 4-76　对视频素材进行变速设置　　　图 4-77　音量设置选项　　　图 4-78　旋转视频素材

点击底部工具栏中的"倒放"图标，可以将视频素材进行倒放，制作出时光倒流的效果，如图 4-79 所示。

点击时间轴右上角的"全屏"图标，可以切换到全屏状态查看短视频效果，如图 4-80 所示。点击右下角的"返回"图标，可以返回到剪辑界面中。

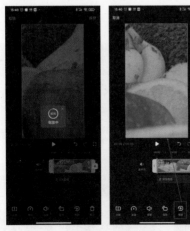

图 4-79　对视频素材进行倒放处理　　　　　图 4-80　全屏查看短视频效果

完成短视频的剪辑处理后，点击界面右上角的"保存"按钮，可以保存剪辑处理结果并返回到短视频效果编辑界面中。

4.3.3　裁剪视频

进入《抖音》的短视频拍摄界面，点击短视频拍摄界面右下角的"相册"图标，导入一段视频素材，如图 4-81 所示。点击"下一步"按钮，进入短视频效果编辑界面，点击界面右侧的"裁剪"图标，如图 4-82 所示。进入视频素材裁剪界面中，如图 4-83 所示。

图 4-81　选择视频素材　　　　图 4-82　点击"裁剪"图标　　　　图 4-83　进入裁剪界面

　　点击界面右上角的"水平翻转"图标，可以将视频素材画面进行水平翻转处理，如图 4-84 所示。

　　点击界面右上角的"旋转"图标，可以将视频素材按顺时针方向旋转 90 度，如图 4-85 所示。

　　在界面底部为用户提供了多种不同比例的裁剪选项，默认选中"自由"选项，可以在预览区域中拖动裁剪框的 4 个角调整裁剪框大小，如图 4-86 所示。

图 4-84　水平翻转视频素材　　　图 4-85　旋转视频素材　　　图 4-86　自由调整裁剪框大小

　　点击界面底部的"原比例"选项，可以将裁剪框恢复为默认的视频素材尺寸大小。在界面底部点击选择其中一种预设的尺寸比例，即可快速将裁剪框调整到该尺寸比例大小，如图 4-87 所示。在预览区域的裁剪框中按住手指并拖动，可以调整裁剪框的位置，如图 4-88 所示。

点击界面底部的"撑满"选项，可以根据当前手机屏幕调整裁剪框的尺寸大小，如图 4-89 所示，从而使裁剪后的视频素材能够撑满整个手机屏幕。

图 4-87　调整裁剪框为 4:3 比例　　图 4-88　调整裁剪框的位置　　图 4-89　点击"撑满"选项
后的效果

完成短视频的裁剪处理后，点击界面右上角的"完成"按钮，可以保存裁剪处理结果并返回到短视频效果编辑界面中；点击界面左上角的"取消"按钮，则可以取消在裁剪界面中所做的编辑处理操作，返回到短视频效果编辑界面中。

4.3.4　添加文字

进入《抖音》的短视频拍摄界面，点击短视频拍摄界面右下角的"相册"图标，导入一段视频素材，如图 4-90 所示。点击"下一步"按钮，进入短视频效果编辑界面，点击界面右侧的"文字"图标，或者在视频任意位置点击，如图 4-91 所示。

在界面底部将显示文字输入键盘，直接输入需要的文字内容，如图 4-92 所示。拖动界面右侧的滑块可以调整文字的大小，如图 4-93 所示。

图 4-90　选择视频素材　　图 4-91　点击　　图 4-92　输入文字　　图 4-93　调整文字大小
"文字"图标

　　点击"字体"选项，在界面底部将显示多种内置字体，点击选择一种合适的字体，效果如图 4-94 所示。

　　点击"样式"选项，在界面底部将显示文字样式设置选项。在"基础样式"选项区中包含 5 种基础样式，分别是透明背景、圆角纯色背景、半透明圆角背景、深色描边和直角纯色背景。图 4-95 所示为深色描边文字样式效果。在"排列"选项区中可以选择文字的排列方式，包含左对齐、居中对齐和右对齐 3 种，默认为居中对齐。在"颜色"选项区中可以通过点击为文字选择一种颜色，如图 4-96 所示。

图 4-94　选择字体　　　　　图 4-95　深色描边文字样式　　　　　图 4-96　选择文字颜色

　　点击"模板"选项，在界面底部将显示内置的文字模板选项，点击相应的文字模板，即可为所输入的文字应用该模板，效果如图 4-97 所示。

　　点击右上角的"完成"按钮，完成文字内容的输入和设置，默认文字位于视频中间位置，按住文字并拖动可以调整文字的位置，如图 4-98 所示。

　　如果需要对文字内容进行编辑，可以点击所添加的文字，在弹出菜单中可以进行相应的操作，如图 4-99 所示。

图 4-97　应用文字模板　　　　　图 4-98　拖动调整文字位置　　　　　图 4-99　显示文字编辑选项

点击"读文字"选项，可以自动识别所添加的文字内容，在界面底部选择一种朗读声音，在视频播放过程中加入文字内容的朗读声音，如图4-100所示。

点击"设置时长"选项，在界面底部将显示文字时长设置选项，默认所添加的文字时长与视频素材的时长相同，可以通过拖动左右两侧的红色竖线图标，调整文字内容在视频中的出现时间和结束时间，如图4-101所示。点击界面右下角的"对号"图标，完成文字时长的调整。

按住文字框右下角的"旋转"图标进行拖动，可以对文字进行缩放和旋转操作，如图4-102所示。

图4-100　选择文字朗读声音　　　图4-101　调整文字时长　　　图4-102　对文字进行旋转

点击文字框右上角的"编辑"图标，可以进入文字编辑状态，对文字内容和样式、字体等进行修改。

点击文字框左上角的"删除"图标，可以删除所添加的文字。

提示

还可以通过在屏幕上双指捏合操作，缩小文字；通过在屏幕上双指展开操作，放大文字；通过双指在屏幕上旋转，对文字进行旋转操作。

4.3.5　添加贴纸

在编辑抖音短视频时，可以为其添加有趣的贴纸，并设置贴纸的显示时长。

在视频效果编辑界面中点击右侧的"贴纸"图标，如图4-103所示。在弹出窗口中显示内置的贴纸，包含多种不同类型，如图4-104所示。在弹出的贴纸窗口中点击任意一个需要使用的贴纸，即可在当前视频中添加该贴纸，如图4-105所示。

完成贴纸的添加后，按住拖动可以调整贴纸的位置；使用两指分开操作，可以放大所添加的贴纸；使用两指捏合操作，可以缩小所添加的贴纸；点击所添加的贴纸，可以弹出贴纸设置选项；按住贴纸不放，在界面底部会出现"删除"图标，将贴纸拖入到"删除"图标上，即可删除贴纸。这些操作方法与文字的操作方法基本相同，这里不再赘述。

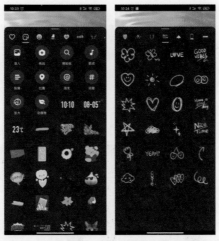

图 4-103　点击"贴纸"图标　　　　图 4-104　不同类型的贴纸　　　　图 4-105　添加贴纸

4.3.6　发起挑战

如果需要在抖音中发起挑战短视频，可以在视频效果编辑界面中点击右侧的"挑战"图标，如图 4-106 所示。在界面中将显示挑战标题输入文本框，同时会根据视频内容为用户推荐相关的挑战标题，可以点击选择推荐的挑战标题，如图 4-107 所示。也可以在文本框中手动输入挑战标题，如图 4-108 所示。点击界面右上角的"完成"按钮，即可完成挑战主题的发起，如图 4-109 所示，发布短视频后，浏览到该短视频的用户即可参与到该挑战中。

图 4-106　点击"挑战"图标　图 4-107　填写挑战主题　图 4-108　输入挑战标题　图 4-109　完成挑战设置

4.3.7　添加特效

在《抖音》中为用户提供了多种内置特效，使用特效能够快速实现许多炫酷的视觉效果，使短视频的表现更加富有创意。

在视频效果编辑界面中点击右侧的"特效"图标，如图 4-110 所示。切换到特效应用界面，其中提供了"热门""日常碎片""卡点转场""氛围""情感"和"趣味"共 6 种类型，如图 4-111 所示。

找到自己需要使用的特点，点击特效缩览图即可为短视频应用该特效，如图 4-112 所示。

点击界面右上角的"保存"按钮，可以保存特效设置，返回到视频效果编辑界面中，如图 4-113 所示。

图 4-110　点击"特效"图标　图 4-111　特效应用界面　图 4-112　点击应用特效　图 4-113　返回编辑界面

如果需要对所应用的特效进行修改，可以点击界面右侧的"特效"图标，进入特效设置界面，更换需要应用的特效，或者点击"取消"图标删除所应用的特效。

4.3.8　添加滤镜

在视频效果编辑界面中点击右侧的"滤镜"图标，如图 4-114 所示。在界面底部显示内置滤镜选项，包含"精选""人像""日常""复古""美食""风景"和"黑白"7 种类型的滤镜，如图 4-115 所示。与短视频拍摄界面中的滤镜选项相同，点击滤镜预览选项，即可为短视频应用该滤镜，并且可以通过拖动滑块控制滤镜效果的强弱，如图 4-116 所示。

图 4-114　点击
"滤镜"图标

图 4-115　显示
滤镜选项

图 4-116　点击
应用滤镜

4.3.9　使用画笔

在抖音中对短视频的效果进行编辑和设置时，还可以使用画笔工具，在短视频中进行涂鸦绘制，充分发挥自己的创意，创造出独具个性的短视频效果。

在视频效果编辑界面中点击右侧的"画笔"图标，如图 4-117 所示。进入短视频绘制界面，在顶部显示相机的绘画工具，在底部可以选择绘制的颜色，拖动左侧的滑块可以调整笔刷的大小，如图 4-118 所示。选择默认的实心画笔，选择一种颜色，用手指在屏幕上进行涂抹绘画，可以绘制出纯色线条图形，如图 4-119 所示。

图 4-117　点击"画笔"	图 4-118　短视频绘画界面	图 4-119　绘制纯色线条

选择箭头画笔，用手指在屏幕上涂抹，可以绘制出带箭头的线条，如图 4-120 所示。选择半透明画笔，用手指在屏幕上涂抹，可以绘制出半透明的线条，如图 4-121 所示。选择橡皮擦工具，在所绘制的线条图形上进行涂抹，可以将涂抹部分擦除，如图 4-122 所示。

图 4-120　绘制箭头线条	图 4-121　绘画半透明线条	图 4-122　擦除不需要的线条

点击界面左上角的"撤销"按钮，可以撤销之前的绘制，点击界面右上角的"保

存"按钮,可以保存绘制的效果并返回视频效果编辑界面。如果需要再次编辑短视频绘画效果,可以再次在视频效果编辑界面中点击右侧的"画笔"图标。

4.3.10　自动字幕

在视频效果编辑界面中点击右侧的"自动字幕"图标,如图 4-123 所示,将自动对短视频中的歌曲字幕进行在线识别,识别完成后将自动显示得到的字幕内容,如图 4-124 所示。

点击"编辑"图标,进入字幕编辑界面,可以对自动识别得到的字幕进行修改,如图 4-125 所示。修改完成后点击界面右上角的"对号"图标,返回到自动识别字幕界面中。

点击"字体"图标,进入字体设置界面,可以设置字体、字体样式和文字颜色,这里的设置与输入文字的设置相同,如图 4-126 所示。修改完成后点击界面右下角的"对号"图标,返回到自动识别字幕界面中。

图 4-123　点击"自动字幕"图标　图 4-124　字幕效果　图 4-125　修改字幕　图 4-126　设置文字效果

> **提示**
>
> "自动字幕"功能可以识别视频素材原音中的字幕,但尽量应是中文普通话,这样会有比较高的识别率。

4.3.11　画质增强

在视频效果编辑界面中点击右侧的"画质增强"图标,可以自动对短视频的整体色彩和清晰度进行适当调整,从而使短视频的画质具有很好的表现效果,如图 4-127 所示。"画质增强"功能没有设置选项,属于自动调节功能。

4.3.12　变声效果

在视频效果编辑界面中点击右侧的"变声"图标,如图 4-128 所示。在界面底部将显示变声选项,包含多种类型的声调,如图 4-129 所示。点击相应的变声选项,即可将该短视频中的声音变成相应的音调效果,从而使短视频更具独特个性。

图 4-127　应用"画质增强"效果　　图 4-128　点击"变声"图标　　图 4-129　显示"变声"选项

4.4　短视频封面设置与发布

完成短视频的拍摄和视频效果编辑后，可以进入"发布"界面，在其中可以为短视频设置封面图片和相关信息，并最终发布短视频，这样别人就能够看到你所发布的短视频作品了。

4.4.1　设置短视频封面

在短视频发布之前，需要为短视频设置一张封面图片，可以选择短视频中的任意一帧画面作为封面图片，也可以选择其他图片作为封面图片。

在短视频效果设置界面中点击右下角的"下一步"按钮，进入"发布"界面，如图 4-130 所示。点击"选封面"文字，进入封面选择界面，在"智能推荐"选项区中为用户推荐了 3 张画面作为短视频的封面图，如图 4-131 所示。用户也可以在"从作品中选择"选项区中任意选择短视频中的某一帧画面作为短视频封面图，并且可以在预览区域中调整封面图片的位置，如图 4-132 所示。

图 4-130　点击
"选封面"文字

图 4-131　选择推荐
的封面图片

图 4-132　自由选择
封面图片

除了可以选择短视频中的某帧画面作为短视频的封面，还可以点击界面右下角的"相册"图标，在打开的界面中选择手机中的其他素材作为该短视频的封面。

图 4-133　封面模板和文字模板　　　　图 4-134　应用封面模板

完成短视频封面图片的选择后，点击界面右上角的"下一步"按钮，进入封面设置界面，提供了"模板"和"文字"两种形式，如图 4-133 所示。

在"模板"选项中点击任意一个封面模板缩览图，即可应用该封面模板的效果，如图 4-134 所示。

在视频预览区域点击封面模板中的文字，可以对文字进行编辑修改，如图 4-135 所示。并且还可以对文字的字体和颜色等进行重新设置，如图 4-136 所示。完成封面的设置后，点击"预览封面"按钮，可以预览短视频发布之后的封面效果，如图 4-137 所示。

图 4-135　修改　　　　图 4-136　修改　　　　图 4-137　预览短视
封面文字　　　　　　文字样式　　　　　　频封面效果

4.4.2　发布短视频

完成短视频封面的制作后，点击界面右上角的"保存封面"按钮，返回发布界面，可以看到所设置的短视频封面效果，如图 4-138 所示。

可以在"发布"界面中为短视频设置话题，这样可以让更多的人看到，也可以点击《抖音》根据所制作的短视频内容自动推荐的话题，如图 4-139 所示。

点击"你在哪里"选项，可以在弹出的定位地址列表中选择相应的定位地点，如图 4-140 所示。通过设置定位信息，可以使定位附近的人更容易看到你所发布的短视频。

　　点击"公开"选项，可以在弹出的信息中选择短视频发布为公开还是私密等形式，默认为公开形式，如图 4-141 所示。

　　点击"高级设置"选项，可以在弹出的选项卡中对短视频发布的高级选项进行设置，包括是否需要付费观看、是否可以评论等，如图 4-142 所示。

　　完成界面中的所有发布设置后，点击"发作品"按钮，即可将制作好的短视频发布到《抖音》短视频平台中，并自动播放所发布的短视频；点击"朋友日常"按钮，可以将制作好的短视频发布到生活日常动态中，仅《抖音》平台中的好友可以查看；点击"存草稿"按钮，可以将制作好的短视频保存到"草稿箱"中。

图 4-138　完成封面设置

图 4-139　设置短视频话题

图 4-140　设置定位信息

图 4-141　设置是否公开

图 4-142　高级设置选项

4.4.3　制作旅行分享短视频

　　旅行类短视频是目前比较火的一种短视频类型，比较常见的旅游主题有探险、拍摄 Vlog、景点讲解和旅行分享等。本节将旅行过程中的所见拍摄成视频或照片，通过《抖音》App 进行后期剪辑制作成一个旅行分享短视频。

> **任务**　制作旅行分享短视频
> 　　最终效果：资源 \ 第 4 章 \4-4-3.mp4　视频：视频 \ 第 4 章 \ 制作旅行分享短视频 .mp4

Step 01 打开《抖音》，点击界面底部的"加号"图标，进入短视频创作界面，点击界面右下角的"相册"图标，如图 4-143 所示。在弹出的素材选择界面中选择需要导入的多个素材，这里选择的是 1 段视频和 8 张图片素材，如图 4-144 所示。

Step 02 点击"下一步"按钮，进入视频效果设置界面，《抖音》会自动为所选择的素材添加音乐并自动进行音乐卡点，如图 4-145 所示。

Step03 点击界面顶部的音乐名称，在弹出的推荐音乐列表中可以点击选择其他推荐的音乐，并且可以暂时关闭"卡点剪辑"选项，如图 4-146 所示。在空白位置点击，完成音乐的选择。点击界面右侧的"剪辑"图标，可以进入短视剪辑界面，如图 4-147 所示。

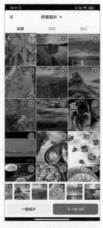

图 4-143　点击　　　图 4-144　选择多个素材　　图 4-145　视频效果　　图 4-146　点击选择
"相册"图标　　　　　　　　　　　　　　设置界面　　　　　　背景音乐

Step04 点击底部工具栏中的"音乐卡点"图标，《抖音》会根据所选择的音乐自动对时间轴中的素材进行调整，从而实现音乐卡点，可以看到音乐的卡点位置，如图 4-148 所示。

Step05 在时间轴中点击选择第 1 段视频素材，点击底部工具栏中的"调区间"图标，拖动黄色框，调整视频素材的显示时间范围，如图 4-149 所示。点击"对号"图标，完成第 1 段视频素材区间的调整。

Step06 点击第 1 段与第 2 段素材之间的白色方块，在界面底部显示转场选项，如图 4-150 所示，点击"基础转场"选项卡中的"泛光"选项，为第 1 段与第 2 段素材之间应用"泛光"转场，如图 4-151 所示。

图 4-147　短视　　　图 4-148　打开音乐　　图 4-149　调整素材　　图 4-150　显示
频剪辑界面　　　　　自动卡点　　　　　　显示区间　　　　　　转场选项

Step 07 点击"对号"图标，在第 1 段与第 2 段素材之间应用"泛光"转场，如图 4-152 所示。点击第 2 段与第 3 段素材之间的白色方块，在显示的转场选项中点击"运镜转场"选项卡中的"推近"选项，如图 4-153 所示，点击"对号"图标，应用该转场。

Step 08 使用相同的操作方法，分别为每个素材之间应用相应的转场效果，如图 4-154 所示。

图 4-151　应用"泛光"转场

图 4-152　应用转场后的图标

图 4-153　应用"推近"转场

图 4-154　在每个素材之间应用转场

Step 09 点击剪辑界面右上角的"保存"按钮，完成素材之间转场效果的设置，返回视频效果设置界面。点击界面右侧的"文字"图标，输入标题文字，如图 4-155 所示。切换到"模板"选项卡中，为文字选择一种合适的模板，如图 4-156 所示。点击右上角的"完成"按钮，完成文字的输入，将文字拖动调整至合适的位置，如图 4-157 所示。

Step 10 在文字上点击，在弹出菜单中点击"设置时长"选项，如图 4-158 所示。进入文字时长设置界面，点击"当前片段"按钮，将文字的时长设置为与第 1 段视频素材时长相同，如图 4-159 所示。点击界面右下角的"对号"图标，返回视频效果设置界面。

图 4-155　输入标题文字

图 4-156　为文字应用模板

图 4-157　调整文字位置

图 4-158　点击"设置时长"选项

Step11 点击界面右侧的"特效"图标，在界面底部将显示内置的各种特效，找到合适的特效，为短视频应用特效，如图 4-160 所示。

Step12 点击界面右侧的"滤镜"图标，进入滤镜设置界面，切换到"风景"选项卡中，点击"雾野"滤镜，为短视频应用该滤镜，如图 4-161 所示。点击界面右侧的"画质增强"图标，增强短视频的画质显示效果，如图 4-162 所示。

图 4-159　设置　　　图 4-160　为短视频　　　图 4-161　为短视频·　图 4-162　应用"画质增
文字时长　　　　　　应用特效　　　　　　　应用滤镜　　　　　　强"效果

Step13 完成短视频效果设置后，点击界面右下角的"下一步"按钮，切换到"发布"界面，如图 4-163 所示。

Step14 点击"选封面"按钮，进入短视频封面设置界面，在视频条上拖动方框，选择某一帧视频画面作为短视频封面，如图 4-164 所示。点击界面右上角的"下一步"按钮，进入封面模板选择界面，点击选择一种封面模板，如图 4-165 所示。

Step15 点击界面右上角的"保存封面"按钮，完成短视频封面设置，返回发布界面，还可以在该界面中设置短视频的话题、位置等信息，如图 4-166 所示。

图 4-163　"发布"　　　图 4-164　选择　　　图 4-165　选择　　　图 4-166　设置发布界面
界面　　　　　　　　封面画面　　　　　　封面模板　　　　　　中的其他选项

Step16 点击"发作品"按钮,将制作好的短视频发布到《抖音》短视频平台中,将自动播放所发布的短视频,如图 4-167 所示。

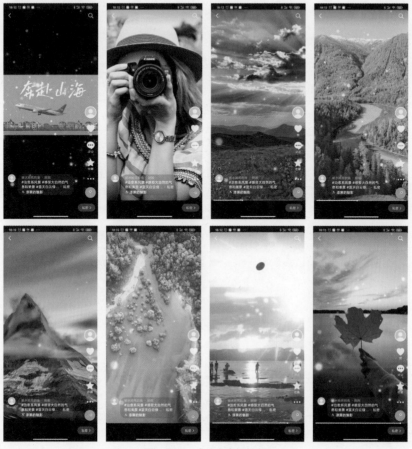

图 4-167　成功发布短视频

4.5　本章小结

　　本章向读者详细介绍了使用《抖音》拍摄、编辑和发布短视频的完整流程和操作方法,完成本章内容的学习后,读者需要能够掌握使用《抖音》App 拍摄与处理短视频的方法,与《抖音》类似的短视频平台的短视频拍摄与后期处理功能基本类似,读者可以举一反三,掌握其他短视频平台的使用方法。

4.6　课后练习

　　完成本章内容的学习后,接下来通过课后练习,检测一下读者对本章内容的学习效果，同时加深对所学知识的理解。

一、选择题

1. 以下哪一种不是《抖音》中"分段拍"功能所提供的短视频时长选择？（　　）
　　A. 15 秒　　　　　　B. 60 秒　　　　　　C. 2 分钟　　　　　　D. 3 分钟

2. 在《抖音》的短视频效果编辑界面中，不能进行以下哪种操作？（　　）
　　A. 视频剪辑　　　　B. 裁剪视频　　　　C. 添加文字　　　　D. 封面设置

3. 以下关于《抖音》中拍摄辅助工具的描述，说法错误的是？（　　）。
　　A. 使用《抖音》进行短视频拍摄时，只需要点击界面右侧的"翻转"图标，即可将所拍摄的画面进行上下翻转。
　　B. 在短视频拍摄界面中点击右侧的"闪光灯"图标，即可开启手机自带的闪光灯辅助照明功能。
　　C. 使用"倒计时"功能可以实现自动暂停拍摄，从而方便拍摄者设计多个拍摄片段。
　　D. 在短视频拍摄界面中点击右侧的"美颜"图标，在界面底部将显示内置的美化功能选项，包含"磨皮""瘦脸""大眼""眼妆""清晰""美白"等多种美化选项。

4. 以下不属于短视频画面中结构元素的是？（　　）
　　A. 主体　　　　　　B. 陪体　　　　　　C. 光线　　　　　　D. 留白

5. 以下哪种不属于短视频后期剪辑中常用的镜头组接技巧？（　　）
　　A. 淡入淡出　　　　B. 叠化　　　　　　C. 画中画　　　　　D. 直切

二、判断题

1.《抖音》主要可以用来浏览和分享短视频，而无法进行短视频的制作。（　　）

2. 在《抖音》中，可以直接拍摄短视频，但是无法将手机中的视频或照片素材导入到《抖音》中进行处理。（　　）

3.《抖音》中的"自动字幕"功能可以识别视频素材原音中的字幕，但尽量应是中文普通话，这样会具有比较高的识别率。（　　）

4. 在《抖音》中，用户只能够拍摄视频片段素材，进入到短视频效果编辑界面中进行短视频的制作，而不能导入手机中的素材进行短视频制作。（　　）

5. 在视频效果编辑界面中点击右侧的"画质增强"图标，可以自动对短视频的整体色彩和清晰度进行适当调整，从而使短视频的画质具有很好的表现效果。（　　）

三、操作题

根据本章节所讲的内容，运用所学的相关知识，自己使用手机或数码相机拍摄视频与照片素材，视频相册的主题不限，可以是旅行、生活、美食等，最终使用《抖音》中的相关功能，将所拍摄的素材制作成短视频。

第 5 章
使用《剪映》制作短视频

　　短视频剪辑处理是提升视频质量和吸引观众注意力的重要手段，在短视频剪辑处理过程中，需要注意保持视频的连贯性和节奏感。通过不断学习和实践，可以逐渐掌握短视频剪辑技巧和创意方法，创作出更具吸引力和艺术性的短视频作品。

　　短视频剪辑软件众多，本章将向读者介绍手机中常用的短视频剪辑软件《剪映》，它是《抖音》官方的全免费短视频剪辑处理应用，为用户提供了强大且方便的短视频后期剪辑处理功能，并且能够直接将剪辑处理后的短视频分享到《抖音》和《西瓜》短视频平台。

学习目标

1. 知识目标
- 认识《剪映》工作界面。
- 掌握在《剪映》中导入素材的方法。
- 掌握视频显示比例与背景设置。
- 理解粗剪与精剪。
- 掌握音频的添加与设置方法。
- 理解并掌握《剪映》中的 AI 创作功能。
- 理解并掌握各种短视频效果的添加与设置方法。

2. 能力目标
- 能够制作美食宣传短视频。
- 能够使用"图文成片"功能制作短视频。
- 能够使用"AI 商品图"功能自动生成商品效果图。
- 能够使用"营销成片"功能制作短视频。
- 能够制作旅行短视频。

3. 素质目标
- 通过社会实践、职业实践等方式，培养实际操作能力和解决问题的能力。
- 具备提升沟通合作技能，能够与团队成员有效沟通，解决合作中的问题和冲突。

5.1 认识《剪映》工作界面

　　《剪映》作为《抖音》短视频平台打造的官方级短视频编辑神器，专为手机用户量身打造，集短视频剪辑、创作与一键发布功能于一体。它囊括了全面且强大的视频编辑工具，不仅支持视频速度的自由调节，让快慢镜头随心切换，更内置了多样化的滤镜效果，轻松赋予视频独特的视觉风格和情感色彩。此外，《剪映》App 还拥有庞大的音乐曲库资源。无论是日常分享、创意表达还是专业制作，《剪映》App 都能成为读者手中那把解锁无限创意的钥匙。

《剪映》目前发布的系统平台除了有 iOS 版本和 Android 版本，在 2021 年 2 月还推出了可以在 PC 端使用的《剪映》专业版。目前，《剪映》支持在手机移动端、Pad 端、Mac 计算机、Windows 计算机全终端使用。图 5-1 所示为《剪映》图标。

从手机应用市场中搜索并下载安装《剪映》，打开《剪映》，进入《剪映》默认的起始工作界面。起始界面由 4 个部分构成，分别是"创作区域""试试看""本地草稿"和"功能操作区域"，如图 5-2 所示。

图 5-1 《剪映》图标　　　　　　图 5-2 《剪映》初始工作界面

5.1.1 创作区域

在创作区域中点击"展开"按钮，可以在该区域中显示默认被隐藏的相关创作功能图标，如图 5-3 所示。

1. 开始创作

点击"开始创作"按钮，切换到素材选择界面，可以选择手机中需要编辑的视频或照片素材，如图 5-4 所示，或者选择《剪映》自带的"素材库"中的素材，如图 5-5 所示。完成素材的选择后，点击"添加"按钮即可进入视频编辑界面，进行短视频的创作。

2. 一键成片

点击"一键成片"图标，同样切换到素材选择界面中，可以选择手机中相应的视频或照片素材，如图 5-6 所示。点击"下一步"按钮，《剪映》App 会自动对所选择的素材进行分析，从而向用户推荐相应的模板，如图 5-7 所示，用户只需要选择一个模板，即可快速导出短视频。

图 5-3　显示隐藏的创作功能图标

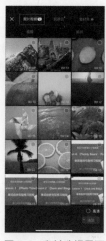

图 5-4　素材选择界面

图 5-5　"素材库"界面

3. 图文成片

"图文成片"功能是一项创新的视频创作工具，它允许用户通过输入文字，智能匹配图片素材、添加字幕、旁白和音乐，自动生成视频。点击"图文成片"图标，切换到"图文成片"界面中，用户既可以选择自己手动编写文案内容，也可以选择不同类型的智能文案内容，如图 5-8 所示。完成文案内容的输入后，《剪映》会自动为文案内容匹配相应的图片素材和音乐，从而快速生成短视频。

图 5-6　选择素材

图 5-7　选择模板

图 5-8　"图文成片"界面

4. 拍摄

点击"拍摄"图标，可以进入《剪映》的拍摄界面，可以拍摄视频或者照片，并且在拍摄中有多种风格、滤镜、美颜效果可供用户选择，如图 5-9 所示。在该界面中点击"模板"图标，进入模板选择界面，提供了多种不同类型的模板，如图 5-10 所示。选择喜欢的模板，点击"拍同款"按钮，进入模板拍摄界面，在该界面中会提示用户该模板需要多少段素材，并且每段素材的时长是多少，如图 5-11 所示。根据提示进行拍摄，可以快速制作出与模板同款的短视频。

图 5-9　拍摄界面　　　　图 5-10　模板选择界面　　　　图 5-11　模板拍摄界面

5. 视频翻译

"视频翻译"功能是《剪映》新推出的功能，点击该按钮，即可进入"视频翻译"界面，如图 5-12 所示。在该界面中用户可以导入一段需要翻译的视频素材，设置"原始语言"和"翻译语言"选项，点击"去翻译"按钮，即可对所导入的原始视频的语言进行翻译，翻译后的视频不仅可以保留原音乐，同时嘴形与语音也能够保持一致。

> **提示**
>
> 《剪映》中的"视频翻译"功能，目前仅支持中文、英文和日文 3 种语言的相互翻译，其他可翻译语种在持续更新中。

6. AI 商品图

"AI 商品图"功能是《剪映》新推出的功能，使用该功能可以将产品置于不同的环境中，通过智能化的图像处理和生成技术，提升产品的表现力，使商品图片更加生动、吸引人。

点击"AI 商品图"图标，在弹出的素材选择界面中可以选择一张拍摄的商品图片，点击"添加"按钮，进入到"AI 商品图"界面，如图 5-13 所示。界面底部为用户提供了多种不同类型的商品图背景，点击所需要的商品图背景选项，即可进行智能抠图处理，并替换为所选择的商品图背景，如图 5-14 所示。

图 5-12　"视频翻译"界面　　　图 5-13　"AI 商品图"界面　　　图 5-14　应用 AI 商品图效果

7. 创作脚本

点击"创作脚本"图标，即可进入"创作脚本"界面，如图 5-15 所示，在该界面中为用户提供了多种不同类型的短视频内容脚本的拍摄方法。除此之外，用户也可以点击"新建脚本"按钮，创建属于自己的短视频内容脚本。

在"创作脚本"界面中点击某一种类型的短视频选项，即可进入该类型短视频内容脚本详情界面，如图 5-16 所示，其中列出了该类型短视频的详细脚本结构和说明，方便新手根据提供的脚本结构拍摄出相似的短视频。

8. 营销成片

"营销成片"功能是《剪映》新推出的功能，该功能是一项专为满足营销需求而设计的视频制作工具，旨在帮助用户快速生成高质量的营销视频。

点击"营销成片"按钮，即可进入"营销推广视频"界面，如图 5-17 所示，用户只需要在该界面中添加相应的图片或视频素材，并且填写相应的产品营销文案，点击"生成视频"按钮，即可智能生成相应的营销推广视频，非常快速、高效。

图 5-15　"创作脚本"界面　图 5-16　短视频内容脚本详情界面　图 5-17　"营销推广视频"界面

9. 提词器

在一些短视频的拍摄过程中，需要边拍摄边对所拍摄对象进行讲解，这时就可以使用到《剪映》中的提词器功能，在短视频拍摄过程中，会显示提前准备好的讲解内容，为边拍摄边讲解提供了很大帮助。

点击"提词器"图标，进入"编辑内容"界面，如图 5-18 所示，输入台词标题，在台词内容输入位置点击，在界面底部会出现"智能文案"图标，如图 5-19 所示。用户既可以自己编写文案内容，也可以使用"智能文案"功能自动生成相应的文案。点击"智能文案"图标，显示相应的选项，在文本框中输入文案要求，如图 5-20 所示。

完成文案要求的填写之后，点击"右箭头"图标，自动生成相应的文案内容，如图 5-21 所示。可以点击"下一个"按钮，切换不同的文案内容，找到自己满意的文案，点击"确认"按钮，即可完成文案内容的智能生成，如图 5-22 所示。点击"去拍摄"按钮，进入"拍摄"界面，此时在拍摄过程中屏幕上会始终显示所添加的台词，方便在短视频拍摄过程中进行讲解。

图 5-18 "编辑内容"界面　　图 5-19 点击"智能文案"图标　　图 5-20 填写智能文案要求

图 5-21 选择需要的智能文案　　图 5-22 确认智能文案内容

> **提示**
>
> 　　"提词器"功能目前属于《剪映》中的 SVIP 用户专属特权功能，当用户确认文案内容并点击"去拍摄"按钮后，会提示开通 SVIP 特权，否则无法使用。

10. 录屏

　　使用《剪映》还可以实现手机屏幕录制操作。点击"录屏"图标，即可进入"录屏"界面，如图 5-23 所示，可以设置录屏参数，点击"开始录屏"按钮，即可开始对手机屏幕进行录屏操作。

11. 美颜

　　点击"美颜"图标，切换到素材选择界面，可以选择手机中人物的视频或照片素材，如图 5-24 所示。点击"添加"按钮，《剪映》会自动识别所添加人物素材的脸部，并显示相应的美颜设置选项，如图 5-25 所示，可以通过这些内置的美颜设置选项，对所添加的人物素材进行美颜处理。

图 5-23　"录屏"界面

图 5-24　选择人物素材

图 5-25　显示美颜设置选项

12. 一起拍

"一起拍"功能是《剪映》新推出的功能，该功能可以邀请好友共同参与拍摄，使用户可以创作出更具创意和个性化的视频作品，并与他人分享自己的创作成果。

点击"一起拍"图标，进入"一起拍"界面中，如图 5-26 所示。左上角为自己的手机拍摄窗口，点击右上角的"邀请"选项，在界面底部将显示邀请好友的方式，如图 5-27 所示。除此之外，还可以添加其他短视频或视频素材，点击"添加视频一起看"图标，在界面底部会显示添加视频的方式，如图 5-28 所示。其中，点击"识别视频链接"选项，可以将《抖音》或《西瓜视频》平台中的短视频地址复制并粘贴到该选项中进行识别；点击"选择视频素材"选项，可以选择手机中存储的视频素材。

图 5-26　"一起拍"界面

图 5-27　显示邀请选项

图 5-28　显示添加视频选项

13. 智能抠图

"智能抠图"功能是《剪映》新推出的功能，该功能通过先进的图像处理技术，自动识别视频中的前景元素（如人物、动物、特定物体等），并将其与背景进行分离。用户无须手动绘制遮罩或进行复杂的色彩调整，即可实现一键抠图，大大提高了视频编辑的效率和便捷性。

点击"智通抠图"图标，切换到素材选择界面，选择需要抠图的图片素材，点击"编辑"按钮，进入"智能抠图"界面，自动抠取图片中的前景元素，如图5-29所示。在该界面中预设了多种不同的背景颜色，点击即可为抠取的元素应用相应颜色的背景，如图5-30所示。如果对智能抠取的元素并不是很满意，可以点击界面底部的"智能抠图"文字，切换到该选项中，显示抠图的相关工具和选项，可以手动对抠图效果进行调整，如图5-31所示。

图5-29　智能抠取前景元素　　图5-30　为抠取的元素选择背景　　图5-31　显示抠图相关工具和选项

14. 超清图片

"超清图片"功能是《剪映》新推出的功能，用户可以通过该功能来设置或调整图片的清晰度，以达到超清的效果。

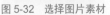

点击"超清图片"图标，切换到素材选择界面中，可以选择需要处理的图片素材，如图5-32所示。点击"编辑"按钮，《剪映》会自动对所选择的图片画质清晰度进行提升，并显示处理后的超清图片效果，如图5-33所示。除此之外，在图片处理界面的底部还提供了多种图片处理工具，可以继续对图片进行编辑处理。

15. 图片编辑

"图片编辑"功能是《剪映》新推出的功能，点击"图片编辑"图标，切换到素材选择界面中，可以

图5-32　选择图片素材　　图5-33　提升画质清晰度效果

选择需要处理的图片素材，点击"编辑"按钮，进入"图片编辑"界面，在该界面的底部为用户提供了多种图片编辑处理工具，如图 5-34 所示。

图片编辑功能包括但不限于裁剪、旋转、缩放、调整亮度、对比度及饱和度等基本操作，以及更高级的图片美化、滤镜添加、贴纸应用等功能。用户可以根据需要，对图片素材进行精细化的编辑和调整。

16. AI 作图

"AI 作图"功能是《剪映》新推出的功能，该功能是一项创新的工具，它利用人工智能技术为用户提供了快速、便捷的图片创作方式。

点击"AI 作图"图标，进入"AI 作图"界面，如图 5-35 所示，在文本框中输入所需要的图片的描述文案，点击"立即生成"按钮，即可按照用户所填写的文案内容生成相应的图片。

> **提示**
>
> "AI 作图"功能目前属于《剪映》中的 SVIP 用户专属特权功能，普通免费用户目前只有 3 次试用机会。

17. 超清画质

点击"超清画质"图标，切换到素材选择界面中，可以选择需要处理的视频或图片素材，《剪映》会自动对所选择的素材进行画质处理，并在界面底部显示画质处理选项，如图 5-36 所示，可以拖动"超清画质"选项的滑块来调整图片的超清画质效果，如图 5-37 所示。

图 5-34　"图片
编辑"界面

图 5-35　"AI 作图"
界面

图 5-36　画质处理选项

图 5-37　超清画质效果

18. AI 特效

"AI 特效"功能是《剪映》新推出的功能，该功能是一项强大的工具，它利用人工智能技术为用户提供了丰富的图片和视频处理效果。

点击"AI 特效"图标，显示"AI 特效"的功能说明，如图 5-38 所示，用户只需要选择一张喜欢的图片，并且输入想要创作的画面风格，AI 会帮助用户将所选择的图片生成需要的画面风格效果。

19. 客服中心

点击"创作区域"右上角的"客服中心" 图标，切换到"客服中心"界面，在该界面中为用户提供了《剪映》中各种常见问题解答，帮助用户更快地掌握《剪映》的使用方法，如图 5-39 所示。

20. 设置

点击"创作区域"右上角的"设置"图标 ◎，切换到"设置"界面，在该界面中为用户提供了软件权限等相关的设置选项，以及其他一些软件说明，如图 5-40 所示。

图 5-38 "AI 特效"功能说明 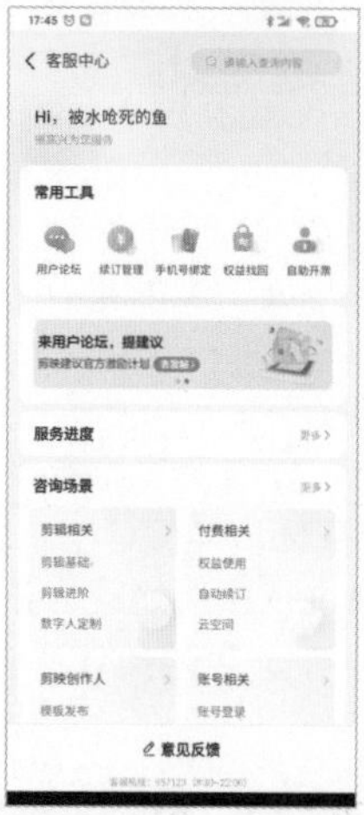　　图 5-39 "客服中心"界面 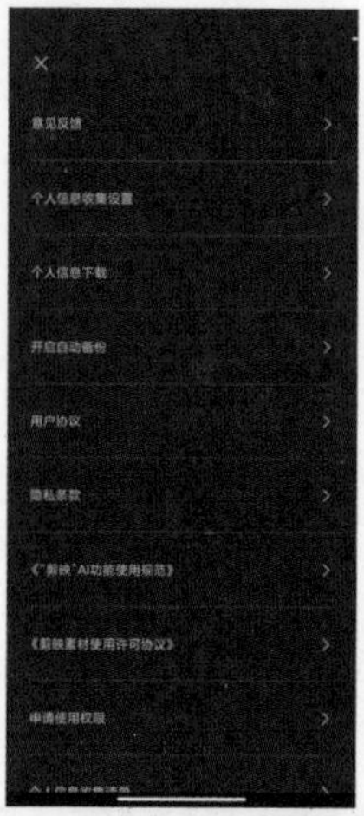　　图 5-40 "设置"界面

5.1.2 试试看

"试试看"栏目为用户提供了《剪映》中各种功能效果的展示和应用，如图 5-41 所示。点击"试试看"栏目标题右侧的右向箭头图标，可以切换到"试试看"界面。在该界面中为用户展示了《剪映》中各种新的功能、特效、文本、滤镜等，用户可以在各选项卡之间进行切换，浏览自己感兴趣的内容，如图 5-42 所示。

在"试试看"界面中点击效果缩览图，即可切换到该效果的展示界面中，例如这里点击某个文本效果，可以看到如图 5-43 所示的效果展示画面。点击效果展示界面下方的"试试

图 5-41 "试试看"栏目　　图 5-42 浏览"试试看"界面中的内容

看"按钮，切换到素材选择界面，选择手机中的视频或图片素材，如图 5-44 所示。点击"添加"按钮，即可切换到短视频剪辑界面，并自动添加在"试试看"界面中所查看的效果，如图 5-45 所示，非常方便。

图 5-43　查看效果展示　　　　图 5-44　选择需要的素材　　　　图 5-45　自动应用所查看的效果

通过"试试看"栏目，用户可以了解《剪映》中新的、热门的功能、特效、文本、滤镜、动画、贴纸等内容，并且可以快速将这些内容应用到自己所制作的短视频中。

5.1.3　本地草稿

《剪映》初始工作界面的中间部分为"本地草稿"区域，该部分包含"剪辑""模板""图文""脚本"和"回收站"5 个选项卡，另外还提供了"剪映云"功能，如图 5-46 所示。在《剪映》中，所有视频剪辑都会显示在"剪辑"选项区中。需要注意的是，已经剪辑完成的视频在保存到本地时，同时也保存到了"本地草稿"区域的"剪辑"选项区中。

在"剪辑"选项区中点击某一条视频剪辑右侧的"更多"图标，在界面底部弹出的菜单中为用户提供了"上传""重命名""复制草稿""剪映快传"和"删除"选项，如图 5-47 所示，点击相应的选项，即可对当前所选择的视频剪辑草稿进行相应的操作。

点击"本地草稿"选项区右上角的"剪映云"图标，可以进入用户的剪映云空间界面，显示云空间中所存储的素材，并且可以对剪映云空间中的素材进行管理操作，如图 5-48 所示。

点击"本地草稿"选项区右上角的"管理"图标，可以选择一个或多个需要进行管理操作的视频剪辑，在界面底部显示管理操作图标，如图 5-49 所示。点击"上传"图标，可以将选中的剪辑上传到"剪映云"空间；点击"剪映快传"图标，可以将选中的剪辑在手机、平板电脑和 PC 端进行传送。

点击底部的"删除"图标，将在界面底部显示删除选项，如图 5-50 所示，选择"最新删除"选项，可以将选中的剪辑移入"回收站"选项卡中，选择"上传到剪映云后再移入"选项，则可以将选中的剪辑上传到剪映云之后再从"剪辑"选项卡移入到"回收站"选项卡中。

图 5-46 "本地草稿"选项区

图 5-47 剪辑操作选项

图 5-48 剪映云界面

在"本地草稿"区域中切换到"回收站"选项卡，可以看到移入到"回收站"中的剪辑，点击右上角的"管理"图标，可以选择一个或多个需要进行管理操作的视频剪辑，在界面底部显示管理操作图标，如图 5-51 所示。点击"恢复"图标，可以将选中的剪辑移出"回收站"选项卡，恢复到"剪辑"选项卡中，点击"永久删除"图标，可以将选中的剪辑从"回收站"选项卡中彻底删除。

图 5-49 显示管理操作图标

图 5-50 显示删除操作选项

图 5-51 显示回收站管理选项

提示

如果发现发布后的视频有问题，还需要进行修改，这时就可以在"本地草稿"区域的"剪辑"选项卡中找到视频剪辑，对其进行修改，所以应尽量保留视频剪辑草稿或者将其上传到"剪映云"后，再进行删除操作。

5.1.4　功能操作区域

《剪映》起始工作界面的最底部为"功能操作区域"，该部分包含了《剪映》的主要功能分类。

剪辑：该界面是《剪映》的起始工作界面。

剪同款：该界面中为用户提供了多种不同风格的短视频模板，如图 5-52 所示，方便新用户快速上手，制作出精美的同款短视频。

消息：该界面中显示用户收到的各种消息，包括官方的系统消息、发表的短视频评论、粉丝留言、点赞等，如图 5-53 所示。

我的：该界面是个人信息界面，显示用户个人信息及喜欢的短视频模板等内容，如图 5-54 所示。

图 5-52　"剪同款"界面　　　图 5-53　"消息"界面　　　图 5-54　"我的"界面

5.1.5　视频剪辑界面

在《剪映》起始界面的"创作区域"中点击"开始创作"按钮，在弹出的界面中将显示当前手机中的视频和照片，选择需要剪辑的视频，如图 5-55 所示。点击"添加"按钮，即可进入到视频剪辑界面中，该界面主要分为"预览区域""时间轴区域"和"工具栏区域" 3 部分，如图 5-56 所示。

> **提示**
> 在素材选择界面中选择需要的视频或图片素材后，如果在界面底部选中"高清"选项，可以提升视频画质、改善观看体验，但同时也需要考虑存储空间、网络带宽、设备支持及实际需求等因素。

在"预览区域"的底部为用户提供了相应的视频播放图标，如图 5-57 所示。点击"播放"图标▶，可以在当前界面中预览视频；如果在该界面中对视频的编辑操作出现失误，可以点击"撤销"图标↩；如果希望恢复上一步所做的视频编辑操作，可以点击"恢复"图标↪；点击"全屏"图标⤢，可以切换到全屏模式预览当前视频。

可以选择手机中—
的视频或照片

图 5-55 选择需要剪辑的视频

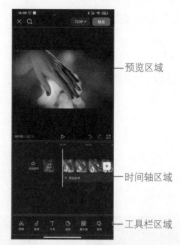

—预览区域

—时间轴区域

—工具栏区域

图 5-56 视频剪辑界面

在"时间轴区域",如图 5-58 所示,上方显示的是视频的时间刻度;白色竖线为时间指示器,指示当前的视频位置,可以在时间轴上任意滑动视频;点击时间轴左侧的"喇叭"图标,可以开启或关闭视频中的原声。

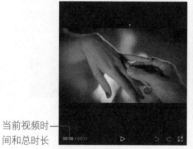

当前视频时—
间和总时长

图 5-57 预览区域

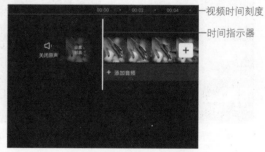

—视频时间刻度

—时间指示器

图 5-58 时间轴区域

在"时间轴区域"进行双指捏合操作,可以缩小轨道时间轴大小,如图 5-59 所示,适合视频的粗放剪辑;在"时间轴区域"进行双指分开操作,可以放大轨道时间轴大小,如图 5-60 所示,适合视频的精细剪辑。

图 5-59 缩小轨道时间轴大小

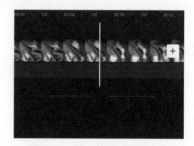

图 5-60 放大轨道时间轴大小

如果还希望添加其他素材,可以点击时间轴右侧的"加号"图标,在弹出的界面中选择需要添加的视频或图片素材即可。

> **提示**
>
> 在视频轨道的下方可以增加音频轨道、文本轨道、贴纸轨道和特效轨道，音频、文本和贴纸轨道可以有多条，而特效轨道只能有一条。

在视频剪辑界面底部的"工具栏区域"中点击相应的图标，即可显示该工具的二级工具栏，如图 5-61 所示，通过二级工具栏中的工具，可以实现视频中相应内容的添加。

完成视频的剪辑处理后，在界面右上角点击"分辨率"选项，可以在弹出的列表中设置所需要发布视频的"分辨率""帧率""码率"和"智能 HDR"选项，如图 5-62 所示。

图 5-61　二级工具栏

图 5-62　导出设置选项

《剪映》为用户提供了 4 种视频分辨率，480p 的视频分辨为 640 × 480px；720p 的视频分辨率为 1280 × 720px；1080p 的视频分辨率为 1920 × 1080px；2K/4K 则表示超高清视频，如果所编辑的视频素材为超高清素材，可以选择该选项，但会占用更大的内存。当前国内视频平台支持的主流分辨率为 1080p，所以尽量将视频设置为 1080p。

"帧率"选项用于设置视频的帧频率，即每秒钟播放多少帧画面。有 5 种帧率可供选择，通常选择默认的 30 即可，表示每秒播放 30 帧画面。

"码率"选项用于设置数据传输时单位时间传送的数据位数，"码率"越高，视频画面越清晰，"码率"越低，导出的视频文件越小。

如果开启"智能 HDR"选项，可以智能优化短视频画面的亮度和色彩表现，提升短视频的整体质量。

5.2　素材剪辑基础

在开始使用"剪辑"对短视频进行编辑制作之前，首先需要掌握"剪辑"中各种短视频剪辑操作方法，这样才能做到事半功倍。

5.2.1 导入素材

在进行短视频制作之前，首先需要导入相应的素材。打开《剪映》，点击"开始创作"图标，在选择素材界面中为用户提供了 3 种导入素材的方法，分别是"照片视频""剪映云"和"素材库"。

照片视频：在该界面中可以选择手机中所存储的视频或照片素材，如图 5-63 所示。

剪映云：在该界面中可以从用户自己的剪映云空间中选择相应的素材，如图 5-64 所示。《剪映》为每个用户提供了 512MB 的免费云空间，用户可以将常用的素材上传至剪映云空间中，便于导入时使用。

素材库：《剪映》为用户提供了丰富的短视频素材库，许多在短视频中经常看到的片段都可以从素材库中找到，以丰富用户的短视频创作，如图 5-65 所示。

图 5-63　"照片视频"界面　　图 5-64　"剪映云"界面　　图 5-65　"素材库"界面

在选择素材界面中点击"素材库"选项，切换到"素材库"选项卡中，其中内置了丰富的素材可供用户选择，主要有"片头""片尾""热梗""情绪""萌宠表情包""背景""转场""故障动画""科技""空镜""氛围"和"绿幕"等多种类型的素材。

> **提示**
>
> 在"素材库"选项卡中提供的都是视频片段，所以素材中的文字内容并不支持修改。

"素材库"选项卡中提供的许多视频素材都是我们在短视频中经常能够看到的画面，例如，图 5-66 所示的素材片段。

1. 导入素材库中的素材

在"素材库"选项

图 5-66　短视频中常见的素材片段

卡中点击需要使用的素材，可以将该素材下载到用户的手机存储中，下载完成后可以将其选中，点击界面底部的"添加"按钮，如图 5-67 所示。切换到视频剪辑界面，将所选择的视频素材添加到时间轴中，如图 5-68 所示，即可完成素材库中素材的导入操作。

2. 将素材库中的素材作为画中画使用

在起始界面中点击"开始创作"图标，在选择素材界面中选择需要导入的手机存储中的素材，点击"添加"按钮，如图 5-69 所示。切换到视频剪辑界面，并将所选择的素材添加到时间轴中，如图 5-70 所示。

图 5-67　选择
需要的素材

图 5-68　导入的素材

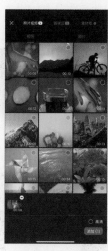

图 5-69　选择
本机素材

图 5-70　将素材
添加到时间轴

点击底部工具栏中的"画中画"图标，点击"新增画中画"图标，显示素材选择界面，切换到"素材库"选项卡中，选择需要使用的素材，点击"添加"按钮，如图 5-71 所示。返回到视频剪辑界面中，在预览区域调整素材大小并将其移至合适位置，如图 5-72 所示。

点击底部工具栏中的"混合模式"图标，在底部显示相应的混合模式选项，如图 5-73 所示。点击选择"滤色"选项，为素材应用"滤色"混合模式，在预览区域中可以看到素材的黑色背景被去除，如图 5-74 所示。

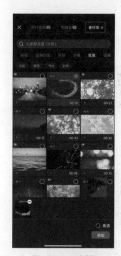

图 5-71　选择
需要的素材

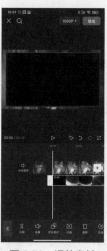

图 5-72　调整素材

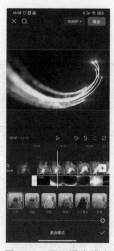

图 5-73　显示混合模式
选项

图 5-74　设置为
"滤色"模式

3. 导入素材并分屏排版

在起始界面中点击"开始创作"图标，在选择素材界面中选择 3 个素材文件，如

图 5-75 所示。点击"分屏排版"按钮，切换到视频排版界面，为所选择的多个素材文件提供了 6 种不同的排版布局方式，点击不同的布局方式，即可预览相应的排版布局效果，如图 5-76 所示。

图 5-75 选择 3 个素材文件

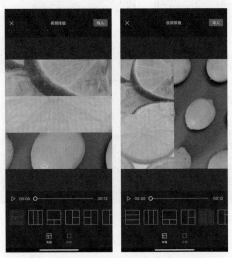

图 5-76 选择不同布局方式后的效果

> **提示**
>
> 要使用《剪映》中提供的"分屏排版"功能，必须在素材选择界面中选择两个及以上的素材，选择不同数量的素材，会提供不同的 6 种排版布局方式供用户选择。

在视频排版界面底部点击"比例"选项，将显示多种视频显示比例供用户选择，点击选择不同的视频比例，即可将分屏排版视频设置为该比例的显示效果，如图 5-77 所示。完成排版布局和显示比例的设置后，点击界面右上角的"导入"按钮，切换到视频剪辑界面，并将分屏排版后的素材添加到时间轴中，如图 5-78 所示。

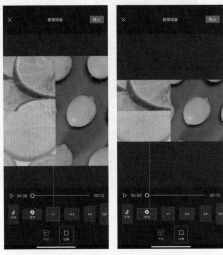

图 5-77 选择不同显示比例的效果

图 5-78 将分屏排版素材添加到时间轴

5.2.2　视频显示比例与背景设置

在手机短视频开始流行之前，人们通常都是通过计算机来观看视频，计算机屏幕上的视频比例通常是 16:9，如图 5-79 所示。而随着手机短视频的流行，特别是《抖音》"快手"等短视频平台的迅速崛起，手机平台上的视频比例通常都是 9:16，如图 5-80 所示。

图 5-79　16:9 的视频　　　　　　　　　　图 5-80　9:16 的视频

打开《剪映》，点击"开始创作"图标，在选择素材界面中选择手机中的视频素材，如图 5-81 所示。点击"添加"按钮，进入视频剪辑界面，如图 5-82 所示。

在界面底部点击"比例"图标，显示"比例"二级工具栏，这里为用户提供了 10 种视频比例，如图 5-83 所示。点击相应的比例选项，即可将当前视频项目的比例修改为所选择的视频比例。

所选择的素材中第 1 张素材的比例为 16:9，因此所创建的视频剪辑比例为 16:9。

图 5-81　选择素材　　　　　　　　　图 5-82　进入视频剪辑界面

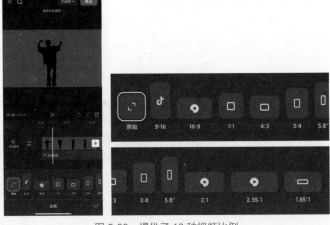

图 5-83 提供了 10 种视频比例

项目的原始视频比例由第一个素材的比例决定，例如所选择的第 1 张素材的比例为 16:9，则所创建的视频的比例就是 16:9。

图 5-84　调整视频显示比例　　图 5-85　提供了 3 种背景方式

点击 9:16 比例选项，将当前横版视频处理为竖版效果，背景部分默认填充黑色，如图 5-84 所示。点击界面右下角的"对号"图标，返回到主工具栏中，点击"背景"图标，显示"背景"的二级工具栏，这里为用户提供了 3 种背景方式，如图 5-85 所示。

画布颜色：点击"画布颜色"选项，在界面底部显示颜色选择器，可以选择一种纯色作为视频的背景，如图 5-86 所示。

画布样式：点击"画布样式"选项，在界面底部为用户提供了多种不同效果的背景图片，可以选择一张背景图片作为视频的背景，如图 5-87 所示。也可以点击"添加图片"图标，在本机中选择自己喜欢的图片作为背景。

画布模糊：点击"画布模糊"选项，在界面底部显示 4 种模糊程度供用户选择，点击其中一种模糊程度选项，即可使用该模糊程度对素材进行模糊处理并作为视频的背景，如图 5-88 所示。

选择一种背景样式后，点击界面右下角的"对号"图标，即可为当前素材应用所选择的背景效果。点击"全局应用"选项，则可以将所选择的背景效果应用到该视频项目的素材片段背景中。

图 5-86　使用纯色背景

图 5-87　使用图片背景

图 5-88　使用模糊背景

5.2.3　粗剪与精剪

完成了视频的拍摄后，就可以对视频进行剪辑操作，剪辑视频通常有两种方法：一种是粗剪，即对视频进行大致的剪辑处理；另一种是精剪，通常是对视频进行逐帧的细致剪辑处理。粗剪与精剪相结合，即可完成视频的剪辑处理。

1. 粗剪

对视频素材进行粗剪只需要使用 4 个基础操作，分别是"拖动""分割""删除"和"排序"。

（1）"拖动"操作。进入视频剪辑界面，在时间轴中选中需要剪辑的素材，或点击底部工具栏中的"剪辑"图标，当前素材会显示白色的边框，如图 5-89 所示。拖动素材白色边框的左侧或右侧，即可对该视频素材进行删除或恢复操作，如图 5-90 所示。

图 5-89　素材显示白色边框　　图 5-90　对视素材频进行删除操作

（2）"分割"操作。如果视频素材的中间某一部分不想要，可以将时间指示器移至视频相应的位置，点击底部工具栏中的"剪辑"图标，显示"剪辑"的二级工具栏，点击"分割"图标，即可在时间指示器位置将视频片段分割为两段视频，如图 5-91 所示。

（3）"删除"操作。在时间轴中选中不需要的视频片段，点击底部工具栏中的"剪辑"图标，显示"剪辑"的二级工具栏，点击"删除"图标，即可将所选择的视频片段删除，如图 5-92 所示。

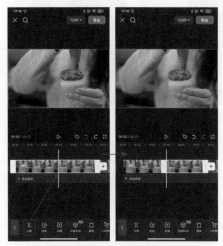
图 5-91　视频分割操作

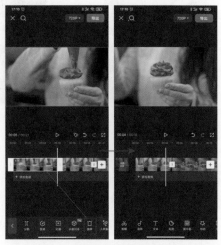
图 5-92　删除不需要的视频片段

（4）"排序"操作。在时间轴中选中并长按素材不放，时间轴中的所有素材会变成如图 5-93 所示的小方块，可以通过拖动方块的方式调整视频片段的顺序，如图 5-94 所示。通过对时间轴中的素材进行排序操作，可以将素材按照脚本顺序排列，至此，就基本完成了视频的粗剪工作。

图 5-93　长按素材不放

图 5-94　调整视频片段顺序

2. 精剪

在视频剪辑界面的时间轴区域，通过两指分开操作，可以放大轨道时间轴大小，如图 5-95 所示，此时就可以对时间轴中的素材进行精细剪辑。

《剪映》支持的最高剪辑精度为 2 帧画面，2 帧画面的精度已经能够满足大多数的视频剪辑需求，低于 2 帧画面的视频片段是无法进行分割操作的，如图 5-96 所示。高于 2 帧画面的视频片段才可以进行分割操作。

低于 2 帧的画面
无法进行分割

图 5-95　放大轨道时间轴大小　　　　图 5-96　低于 2 帧的画面无法进行视频分割

> **提示**
>
> 在时间轴中选择视频素材，通过拖动该视频素材首尾的白色边框，可以实现逐帧剪辑。

5.2.4　添加音频

本节将向大家介绍如何在短视频中添加音频素材，以及音频素材的编辑与处理方法。

1. 使用音乐库中的音乐

将素材添加到时间轴后，点击底部工具栏中的"音频"图标，显示"音频"二级工具栏，如图 5-97 所示。点击二级工具栏中的"音乐"图标，显示"添加音乐"界面，为用户提供了丰富的音乐类型分类，如图 5-98 所示。

在"添加音乐"界面的下方还为用户推荐了一些音乐，用户只需要点击相应的音乐名称，即可试听该音乐效果，如图 5-99 所示。

> **提示**
>
> 在《剪映》App 的音乐界面中新增了"商用音乐"选项卡，其中的音乐都是可用于商业或宣传短视频的商用音乐，这些音乐已经获得音乐版权方的许可。

对于喜欢的音乐，用户只需要点击该音乐右侧的"收藏"图标 ★，即可将该音乐加入到"收藏"选项卡中，如图 5-100 所示，便于下次能够快速找到该音乐。

"抖音收藏"选项卡中显示的是同步用户《抖音》音乐库中所收藏的音乐，如图 5-101 所示。

图 5-97　"音频"二级工具栏　　图 5-98　"添加音乐"界面　　图 5-99　点击音乐名称试听

在"导入音乐"选项卡中包含 3 种导入音乐的方式，点击"链接下载"图标，可在文本框中粘贴《抖音》或其他平台分享的音乐链接，如图 5-102 所示。

图 5-100　"收藏"选项卡　　图 5-101　"抖音收藏"选项卡　　图 5-102　"链接下载"音乐方式

> **提示**
>
> 　　使用外部音乐需要注意音乐的版权保护，随着大众版权意识的不断增强，使用外部音乐时应尽量使用一些无版权的音乐。

　　点击"提取音乐"图标，点击"去提取视频中的音乐"按钮，如图 5-103 所示，可以在显示的界面中选择本地存储的视频，点击界面底部的"仅导入视频的声音"按钮，如图 5-104 所示，即可将选中的视频中的音乐提取出来。

　　点击"导入"选项卡中的"本地音乐"图标，在界面中会显示当前手机存储的本地音乐文件列表，如图 5-105 所示。

图 5-103　"提取音乐"方式　　图 5-104　选择需要提取音乐的视频　　图 5-105　"本地音乐"列表

2. 添加内置音效

为短视频选择合适的音效能够有效提升视频的效果。在视频剪辑界面中点击底部工具栏中的"音效"图标，在界面底部弹出音效选择列表，《剪映》中内置了种类繁多的各种音效，如图 5-106 所示。添加音效的方法与添加音乐的方法基本相同，点击需要使用的音效名称，会自动下载并播放该音效，点击音效右侧的"使用"按钮，如图 5-107 所示，即可使用所下载的音效，音效会自动添加到当前所编辑的视频素材的下方，如图 5-108 所示。

图 5-106　种类繁多的内置音效　　图 5-107　下载并使用音效　　图 5-108　将音效添加到时间轴

3. 录音

点击界面底部工具栏中的"录音"图标，在界面底部显示"录音"图标，如图 5-109 所示。按住红色的"录音"图标不放，即可进行录音操作，如图 5-110 所示，松开手指完成录音操作。点击右下角的"对号"图标，录音会直接添加到所编辑视频素材的下方，如图 5-111 所示。

图 5-109 显示"录音"图标　　　图 5-110 进行录音操作　　　图 5-111 将录音添加到时间轴

提示

在界面底部的"音频"二级工具栏中还包含"文字转音频""克隆音色"等功能，"文字转音频"功能是将用户输入的文案内容转换为朗读音频；"克隆音色"功能允许用户通过简短的音频录制来克隆自己的专属音色；"提取音乐"和"抖音收藏"这两种获取音乐的方式，与之前介绍的音乐库界面中的"抖音收藏"选项卡及"导入音乐"选项卡中的"提取音乐"选项的方式是完全相同的。

5.2.5　音频素材剪辑与设置

在视频剪辑界面中为视频素材添加音频后，同样可以对所添加的音频进行剪辑操作。

在时间轴中点击选择需要剪辑的音频，在界面底部工具栏中会显示针对音频编辑的工具图标，如图 5-112 所示。

音量：点击底部工具栏中的"音量"图标，在界面底部显示音量设置选项，默认音量为 100%，最高支持 10 倍音量，如图 5-113 所示。

淡入淡出：点击底部工具栏中的"淡入淡出"图标，在界面底部显示音频淡入淡出设置选项，包括"淡入时长"和"淡出时长"两个选项，如图 5-114 所示。淡入淡出是音频编辑中常用的一个功能，为音频设置淡入和淡出效果，可使音频在开始和结束时不会显得很突兀。

提示

当在一段音乐中截取一部分作为视频的音频素材时，如果截取部分的开始很突然，结尾戛然而止，此时就可以通过"淡入淡出"选项的设置，使音频实现淡入淡出效果。

分割：点击底部工具栏中的"分割"图标，可以在当前位置将所选择的音频分割为两部分，如图 5-115 所示。

图 5-112　显示音频编辑工具　　图 5-113　显示音量设置选项　　图 5-114　显示音频淡化设置选项

声音效果：点击底部工具栏中的"声音效果"图标，在界面底部显示内置的声音效果选项，可以将当前所选择的音频素材中的声音变化为特殊的声音效果，如图 5-116 所示。

删除：点击工具栏中的"删除"图标，可以将选中的音频素材删除。

人声美化：选择时间轴中所添加的录音音频，点击底部工具栏中的"人声美化"图标，在界面底部显示内置的人声美化选项，可以自动对录音中的人声进行美化处理，如图 5-117 所示。注意，"人声美化"功能目前并不支持对所添加的歌曲中的人声进行美化处理。

图 5-115　分割音频素材　　　　图 5-116　显示内置的声音效果　　图 5-117　显示人声美化选项

音频翻译：选择时间轴中所添加的录音音频，点击底部工具栏中的"音频翻译"图标，切换到音频翻译界面，可以通过选项的设置，对录音中的音频进行翻译，如图 5-118 所示。

提示

"音频翻译"功能属于 SVIP 专属功能，目前支持翻译的语言包括中文、英语、日语、西班牙语、印尼语和葡萄牙语。

　　人声分离：选择时间轴中所添加的录音音频，点击底部工具栏中的"人声分离"图标，在界面底部显示人声分离相关选项，如图 5-119 所示。该功能通过 AI 算法，可以仅提取音频中的人声或背景声。

　　节拍：点击底部工具栏中的"节拍"图标，在界面底部显示节拍的相关设置选项，如图 5-120 所示，点击"添加点"按钮，可以在相应的音乐位置添加点，也可以开启"自动踩点"功能，对音频素材进行自动踩点。

图 5-118　"音频翻译"界面　　　　图 5-119　显示人声分离选项　　　　图 5-120　显示节拍设置选项

　　变速：点击底部工具栏中的"变速"图标，在界面底部显示音频变速设置选项，如图 5-121 所示，可以加快或放慢音频的速度。

　　降噪：点击工具栏中的"降噪"图标，在界面底部显示降噪设置选项，如图 5-122 所示，点击打开该功能，可以自动对所选择的音频进行降噪处理。

　　复制：点击底部工具栏中的"复制"图标，可以对当前选中的音频素材进行复制操作，复制得到的音频素材会自动出现在原始音频素材的右侧，如图 5-123 所示。

图 5-121　显示音频变速选项　　　　图 5-122　显示音频降噪选项　　　　图 5-123　复制音频素材

5.2.6　制作美食宣传短视频

本节将在《剪映》中完成一个美食宣传短视频的制作，主要是将所拍摄的蛋糕美食产品照片制作成短视频，并且搭配自己喜欢的背景音乐，从而使静态的照片表现为动态的短视频，让视觉表现效果更加突出。

> **任务　制作美食宣传短视频**
>
> 最终效果：资源 \ 第 5 章 \5-2-6.mp4　视频：视频 \ 第 5 章 \ 制作美食宣传短视频 .mp4

Step 01 在《剪映》起始界面中点击"开始创作"图标，在选择素材界面中选择一段视频素材，如图 5-124 所示。切换到"照片"选项卡中，再按顺序选择多张需要使用的照片，如图 5-125 所示，点击"添加"按钮，进入视频剪辑界面，如图 5-126 所示。

图 5-124　选择视频素材

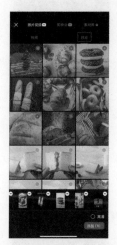
图 5-125　选择多个照片素材

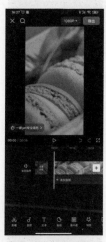
图 5-126　进入视频剪辑界面

> **提示**
>
> 　同时选择多个素材并添加到视频剪辑界面中，则选择素材的顺序就是素材在时间轴中的排列顺序。当然添加到时间轴中的素材顺序是可以进行调整的，在时间轴中按住需要调整顺序的素材不放，当时间轴中的素材都变为正方形方块时，拖动即可调整素材在时间轴中的排列顺序。

Step 02 点击选择视频轨道中的第 1 段视频素材，点击底部工具栏中的"调节"图标，如图 5-127 所示。在界面底部显示相关的调节选项，选择"对比度"选项，增强素材的对比度，如图 5-128 所示。选择"亮度"选项，适当调整画面的亮度，如图 5-129 所示。点击"对号"图标，应用视频素材的调节操作。

Step 03 返回到主工具栏中，点击"音频"图标，显示"音频"二级工具栏，点击"音乐"图标，显示"添加音乐"界面，如图 5-130 所示。点击"美食"分类选项，进入该分类音乐列表，如图 5-131 所示。在音乐列表中点击音乐名称即可试听音乐，通过试听的方式找到合适的卡点音乐，点击"使用"按钮，如图 5-132 所示。

Step 04 返回剪辑界面，将所选择的音乐添加到时间轴中，如图 5-133 所示。点击选择时间轴中的音乐，点击底部工具栏中的"节拍"图标，如图 5-134 所示。在界面下方显示"节拍"选项,可以通过点击"添加点"按钮,为音乐手动添加节拍标记,如图 5-135 所示。

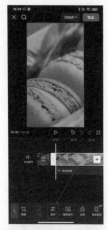

图 5-127 点击"调节"图标

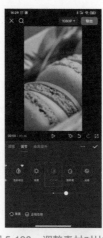

图 5-128 调整素材对比度

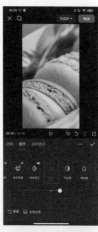

图 5-129 调整素材亮度

图 5-130 "添加音乐"界面

图 5-131 显示美食音乐列表

图 5-132 选择合适的音乐

图 5-133 将音乐添加到时间轴

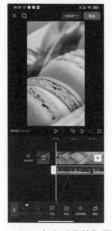

图 5-134 点击"节拍"图标

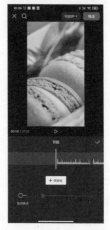

图 5-135 显示"节拍"选项

Step 05 也可以使用"自动踩点"功能，将手动添加的踩点标记删除。开启"自动踩点"功能，默认是中等踩点速度，可以拖动滑块选择合适的节拍踩点速度，如图 5-136 所示。点击右下角的"对号"图标，完成音频的踩点标记，返回到剪辑界面中，在音频下方可以看到自动添加的踩点标记（黄色实心圆点），如图 5-137 所示。

图 5-136　分别试听不同的踩点速度　　　　　　图 5-137　音乐踩点标记

Step 06 在时间轴中点击选择第 1 段视频素材，通过拖动其白色边框的左侧和右侧，对该段素材的持续时长进行调整，调整该素材的时长与第 4 个踩点标记相一致，如图 5-138 所示。点击选择时间轴中的第 2 段照片素材，拖动其白色边框的右侧，调整该素材的时长与相应的踩点标记相一致，如图 5-139 所示。

Step 07 使用相同的制作方法，可以分别调整时间轴中其他照片素材的持续时间，使其与每一个踩点标记对齐，如图 5-140 所示。

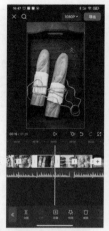

图 5-138　剪辑第 1 段素材　图 5-139　剪辑第 2 段素材　　　图 5-140　剪辑素材使其与踩点标记一致

Step 08 将时间指示器移至起始位置，点击底部工具栏中的"文本"图标，点击"文本"二级工具栏中的"新建文本"图标，输入标题文字，如图 5-141 所示。在视频预览区域将所添加的文字放大，并调整到合适的位置，如图 5-142 所示。在"字体"选项区中为标题文字选择一种手写字体，如图 5-143 所示。

Step 09 切换到"花字"选项卡中，为标题文字选择一种预设的花字效果，如图 5-144 所示。切换到"动画"选项卡中，点击"渐显"选项，为标题文字应用"渐显"入场动画，如图 5-145 所示。切换到"出场"选项卡中，点击"渐隐"选项，为标题文字应用"渐隐"出场动画，如图 5-146 所示。

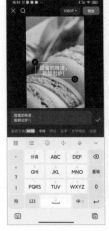
图 5-141　输入标题文字

图 5-142　放大文字并调整位置

图 5-143　选择字体

图 5-144　选择花字效果

Step 10 拖动下方的滑块，调整入场动画和出场动画的时长均为 1 秒，如图 5-147 所示。点击"对号"图标，完成标题文字的设置，调整标题文字的起始和结束位置，如图 5-148 所示。将时间指示器移至第 2 段素材起始位置，点击"文本"二级工具栏中的"新建文本"图标，输入文字，如图 5-149 所示。

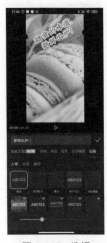
图 5-145　选择入场动画

图 5-146　选择出场动画

图 5-147　调整动画时长

图 5-148　调整文字起始和结束位置

Step 11 在预览窗口中调整文字的大小和位置，并进行旋转操作，如图 5-150 所示。切换到"文字模板"选项卡中，点击选择一种喜欢的文字模板，为文字应用模板效果，如

图 5-151 所示。在预览窗口中拖动调整文字的大小和位置，如图 5-152 所示。

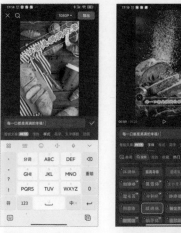   

图 5-149　输入文字　　图 5-150　调整文字　　图 5-151　应用文字模板　　图 5-152　调整文字
　　　　　　　　　　　　大小和位置　　　　　　　　　　　　　　　　　　　大小和位置

Step12 点击"对号"图标，完成文字的设置，调整文字从第 2 段素材开始起始，至最后一个素材结束，如图 5-153 所示。

Step13 将时间指示器移至第 2 段素材起始位置，点击底部工具栏中的"添加贴纸"图标，在界面底部显示内置的贴纸选项，如图 5-154 所示。切换到"美食"分类中，点击添加自己喜欢的贴纸，如图 5-155 所示。

Step14 点击"对号"图标，完成贴纸的添加，在预览区域中调整贴纸的大小和位置，如图 5-156 所示。在时间轴中调整贴纸从第 2 段素材开始起始，至最后一个素材结束，如图 5-157 所示。选择时间轴中刚添加的贴纸，点击底部工具栏中的"动画"图标，在底部显示入场动画相关选项，点击选择"渐显"入场动画，如图 5-158 所示。

  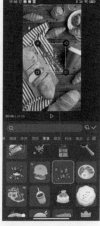 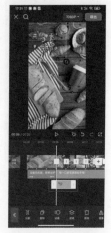

图 5-153　调整文字起始　　图 5-154　显示内置　　图 5-155　添加贴纸　　图 5-156　调整贴纸
　　和结束位置　　　　　　　贴纸选项　　　　　　　　　　　　　　　　　大小和位置

Step15 切换到"出场动画"选项卡中，点击选择"渐隐"出场动画，如图 5-159 所示。拖动滑块调整入场动画和出场动画的持续时间均为 1 秒，如图 5-160 所示，点击"对号"图标，为贴纸素材应用入场和出场动画。返回到主工具栏中，点击时间轴中素材与素材之间的白色方块图标，在界面底部显示转场的相关选项，如图 5-161 所示。

图 5-157 调整贴纸　　图 5-158 应用入场动画　图 5-159 应用出场动画　图 5-160 设置动画时长
　　　　　持续时间

Step16 点击相应的转场，在预览区域中即可看到所选择的转场效果。这里点击选择"运镜"选项卡中的"3D 空间"转场，并点击"全局应用"选项，将该转场效果应用到时间轴中所有的素材之间，如图 5-162 所示。点击"对号"图标，完成转场效果的应用，可以看到素材之间的转场效果，如图 5-163 所示。

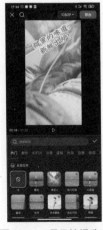  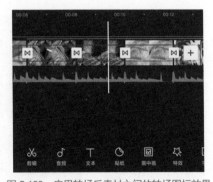

图 5-161 显示转场选项　　图 5-162 应用转场效果　　图 5-163 应用转场后素材之间的转场图标效果

提示

　　在添加转场效果时，可以设置转场效果的时长，并且可以为每个素材与素材之间添加不同的转场效果。因为转场效果具有一定的时长，当应用一些转场效果之后，有可能出现素材的转场切换与音乐踩点的位置不对齐的情况，这时就需要再次对素材的时长进行调整，从而实现素材的切换与音乐节拍位置的完美契合。

Step17 将时间指示器移至短视频结束的位置，选择时间轴中的音频素材，点击底部工具栏中的"分割"图标，如图 5-164 所示。对音频素材分割，选择分割后的后半部分音频素材，点击底部工具栏中的"删除"图标，如图 5-165 所示，将其删除。选择音频素材，点击底部工具栏中的"淡入淡出"图标，设置"淡出时长"为 2 秒，如图 5-166 所示。点击"对号"图标，完成音频素材的淡化设置。

Step18 点击时间轴左侧的"设置封面"选项，如图 5-167 所示，进入封面设置界面，如图 5-168 所示。向右滑动时间轴，选择视频中的某一帧画面作为封面，如图 5-169 所示。

图 5-164　分割
音频素材

图 5-165　删除
不需要的音频

图 5-166　设置"淡出
时长"选项

图 5-167　点击"设置
封面"选项

Step19 点击左下角的"封面模板"按钮，在界面底部显示内置的封面模板，点击选择合适的封面模板，如图 5-170 所示。点击"对号"图标，应用所选择的封面模板，在预览区域中点击封面中的文字，在界面底部可以对封面文字进行修改，如图 5-171 所示。在预览区域中可以调整封面文字的大小和位置，如图 5-172 所示。

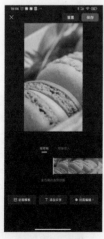

图 5-168　封面
设置界面

图 5-169　选择
封面视频帧

图 5-170　选择合适
的封面模板

图 5-171　修改
封面文字

Step20 完成短视频封面的制作，点击界面右上角的"保存"按钮，保存封面设置。点击界面右上角的"分辨率"选项，在弹出的列表中设置所需要发布视频的"分辨率"为 720P，如图 5-173 所示。点击界面右上角的"导出"按钮，显示导出视频界面，如图 5-174 所示。视频导出完成后，可以选择是否将所制作的短视频同步到《抖音》和《西瓜》短视频平台，如图 5-175 所示。

图 5-172　调整　　　　图 5-173　设置　　　　图 5-174　显示　　　　图 5-175　导出
封面文字的大小和位置　　导出分辨率　　　　视频导出进度　　　　完成界面

Step21 至此，完成该美食宣传短视频的制作，点击预览区域的"播放"图标，可以看到该短视频的效果，如图 5-176 所示。

图 5-176　预览美食宣传短视频效果

5.3　《剪映》中的 AI 创作功能

新版的《剪映》中新增了许多 AI 创作功能，包括图像生成、商品图制作等，为用户提供了全方位的视频制作支持。这些功能不仅简化了制作流程，还提升了视频的质量和创意性。

5.3.1　图文成片

《剪映》中的"图文成片"功能是一项非常实用的视频创作工具，它能够帮助用户快速制作出精美的视频作品，并降低视频创作的门槛和难度。

"图文成片"功能极大地降低了视频创作的门槛，使得即使是不擅长视频剪辑的用户也能轻松制作出精美的视频作品。同时，该功能还提高了视频创作的效率，帮助用户节省了大量的时间和精力。

> **任务**　使用"图文成片"功能制作短视频
>
> 最终效果：资源 \ 第 5 章 \5-3-1.mp4　视频：视频 \ 第 5 章 \ 使用"图文成片"功能制作短视频 .mp4

Step 01 打开《剪映》，在起始界面的创作区域中点击"图文成片"图标，如图 5-177所示。切换到"图文成片"界面，如图 5-178 所示。点击"营销广告"选项，切换到"营销广告"界面，输入产品名称并选择"视频时长"，如图 5-179 所示。

图 5-177　点击"图文成片"图标　　图 5-178　"图文成片"界面　　图 5-179　"营销广告"界面

Step 02 完成"营销广告"界面的设置后，点击界面底部的"生成文案"按钮，根据所输入的产品名称智能生成相应的文案内容，如图 5-180 所示。每次会智能生成 3篇文案内容，如果对当前文案不满意，可以点击右方向箭头图标，切换文案内容，如图 5-181 所示。

Step 03 如果需要对所生成的文案内容进行编辑，可以点击文案内容右上角的"编辑"图标，进入文案编辑状态，可以对文案内容进行编辑修改，如图 5-182 所示。

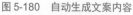

图 5-180　自动生成文案内容

图 5-181　切换文案内容

图 5-182　编辑修改文案内容

Step04 完成文案的修改后，点击界面右上角的"应用"按钮，在界面底部显示成片方式选项，如图 5-183 所示。点击"使用本地素材"选项，显示视频生成进度，如图 5-184 所示。自动生成完成后，《剪映》会根据文案内容自动匹配音乐、文案朗读，进入图文短视频编辑界面，如图 5-185 所示。

图 5-183　显示成片方式选项

图 5-184　显示视频生成进度

图 5-185　图文短视频编辑界面

> **提示**
>
> 　　在成片方式选项中为用户提供了 3 种方式："智能匹配素材"是指根据文案内容，《剪映》自动从网络中查找相关的视频或图片素材并使用；"使用本地素材"是指用户自己添加准备好的视频或图片素材；"智能匹配表情包"是指根据文案内容，自动匹配并添加与文案内容相关的表情包，从而创作出具有趣味感的图文短视频。

Step05 在时间轴中点击第 1 段素材位置，在界面底部显示素材选择选项，点击选择手机中相应的素材，完成第 1 张素材的添加，如图 5-186 所示。点击第 2 段素材方块，在界面底部点击相应的素材，完成第 2 张素材的添加，如图 5-187 所示。

Step06 使用相同的操作方法，依次完成其他素材的添加，如图 5-188 所示。

图 5-186　添加第 1 张素材　　　图 5-187　添加第 2 张素材　　　图 5-188　完成其他素材的添加

Step07 完成素材的添加后，点击界面左上角的"关闭"图标，返回图文短视频编辑界面，点击底部工具栏中的"音色"图标，如图 5-190 所示。在界面底部弹出"音色选择"选项，点击不同的音色选项可以试听文案朗读的效果，选择喜欢的音色，点击"对号"图标，如图 5-190 所示。

Step08 在时间轴中点击选择自动匹配的背景音乐，在底部工具栏中显示相应的功能操作图标，如图 5-191 所示。点击"音量"图标，拖动滑块调整背景音乐的音量大小，点击"对号"图标，如图 5-192 所示。

图 5-189　点击　　　　图 5-190　点击　　　　图 5-191　显示　　　　图 5-192　调整
"音色"图标　　　　　选择音色　　　　　音频工具栏　　　　　音量大小

提示

在音频二级工具栏中，点击"替换"图标，切换到音乐选择界面，可以重新选择喜欢的背景音乐；点击"删除"图标，可以将选中的音频从时间轴中删除。

Step09 点击底部工具栏中的"主题模板"图标，在界面底部显示多种不同类型的主题模板选项，点击即可为图文短视频应用相应的主题模板，如图 5-193 所示。

Step10 至此，完成该图文短视频的制作，点击界面右上角的"导出"按钮，显示短视频导出进度，如图 5-194 所示。短视频导出完成后，可以选择是否将所制作的短视频同步到《抖音》和《西瓜》短视频平台，如图 5-195 所示。

图 5-193　选择主题模板 图 5-194　显示视频导出进度 图 5-195　导出完成界面

Step11 使用"图文成片"功能完成短视频的制作后，点击预览区域的"播放"图标，可以看到该短视频的效果，如图 5-196 所示。

图 5-196　预览短视频效果

> **提示**
>
> "图文成片"功能非常适合用于制作广告、教程、展示等场景的视频。例如，企业可以利用该功能快速制作产品宣传视频；教师可以利用该功能制作教学视频；个人用户也可以利用该功能记录生活点滴或分享知识经验。

5.3.2　AI 商品图

《剪映》中的"AI 商品图"功能是一项非常实用的工具，尤其对于从事产品摄影和自媒体创作的用户来说，它极大地提升了产品图片的表现力和吸引力。

《剪映》中的"AI 商品图"功能的优势主要表现在以下几个方面。

（1）智能化处理。《剪映》中的"AI 商品图"功能采用智能化的图像处理技术，能够自动抠除商品背景并与新背景进行融合，大大简化了传统商品图制作的复杂流程，还为用户提供了更多创意空间。

（2）多样化背景。《剪映》提供了多种 AI 背景预设供用户选择，这些背景可以满足不同商品和场景的需求，使商品图片更加丰富多彩。

（3）高效便捷。用户只需简单几步操作即可生成一张高质量的商品图，大大提高了工作效率和创作便捷性。

> **任务** 自动生成商品效果图
>
> 最终效果：资源＼第 5 章＼5-3-2.jpg　视频：视频＼第 5 章＼自动生成商品效果图 .mp4

Step01 图 5-197 所示为拍摄的一张产品的照片素材，表现效果非常普通。接下来使用《剪映》中的"AI 商品图"功能将其处理为商品效果图。打开《剪映》，在起始界面的创作区域中点击"AI 商品图"图标，如图 5-198 所示。

Step02 切换到"素材选择"界面，选择需要处理的商品图片素材，如图 5-199 所示。点击界面右下角的"编辑"按钮，进入"AI 商品图"界面，如图 5-200 所示。在该界面的底部为用户提供了多种不同类型的商品图背景，如图 5-201 所示。

图 5-197　产品拍摄效果

图 5-198　点击"AI 商品图"图标

图 5-199　选择商品图片素材

图 5-200　"AI 商品图"界面

图 5-201　多种不同类型的商品图背景

Step03 切换到"专业栅拍"选项卡中，点击"质感布料"选项，即可自动对照片素材中的商品进行抠图并与所选的背景相融合，效果如图 5-202 所示。点击"奢华金光"选项，效果如图 5-203 所示。点击"水花飞溅"选项，效果如图 5-204 所示。

图 5-202 "质感布料"选项效果 图 5-203 "奢华金光"选项效果 图 5-204 "水花飞溅"选项效果

Step 04 完成商品效果图的处理后，点击界面右上角的"导出"按钮，显示"导出成功"界面，如图 5-205 所示。自动完成商品效果图的制作，效果如图 5-206 所示。

图 5-205 "导出成功"界面 图 5-206 商品效果图最终效果

> **提示**
>
> 在"AI 商品图"界面中，单击界面右上角的"去编辑"按钮，切换到图片编辑界面，可以对商品图进行编辑操作，如调整大小、添加文字等。

5.3.3 营销成片

"营销成片"功能通过智能化的处理和一键生成技术，允许用户上传图片、视频等素材，并依据爆款脚本的思维，快速制作出多条高质量的营销视频。这一功能特别适用于那些需要快速制作广告、宣传片或带货视频的用户，无论是企业还是个人创作者。

《剪映》中的"营销成片"功能的优势主要表现在以下几个方面。

（1）高效便捷。"营销成片"功能通过一键生成技术，大大节省了用户制作营销视频的时间和精力。用户无须具备专业的视频制作技能，也能轻松创作出高质量的营销视频。

（2）智能化处理。《剪映》利用先进的图像处理和人工智能技术，能够自动分析用户输入的素材信息和产品信息，并生成符合用户需求的营销视频。这使得视频制作更加精准和高效。

（3）多样化模板。《剪映》提供了多种营销视频模板供用户选择，涵盖了不同行业、不同场景的需求。用户可以根据自己的实际情况选择合适的模板进行制作。

（4）丰富素材库。除了用户自己上传的素材，《剪映》还提供了丰富的素材库资源供用户选择。这些素材包括图片、视频、音频等，为用户制作营销视频提供了更多的选择和可能性。

（5）易于分享与推广。生成的营销视频可以直接在《剪映》中导出并分享到各大社交平台。这使得用户能够更方便地推广和营销自己的产品，提高产品的曝光度和销售量。

> **任务　使用"营销成片"功能制作短视频**
>
> 最终效果：资源 \ 第 5 章 \5-3-3.mp4　视频：视频 \ 第 5 章 \ 使用"营销成片"功能制作短视频 .mp4

Step01 打开《剪映》，在起始界面的创作区域中点击"营销成片"图标，如图 5-207 所示。切换到"营销推广视频"界面，在该界面中可以创建两种营销推广短视频，一种是推广商品，另一种是推广门店，如图 5-208 所示。

Step02 本案例制作的是一款商品推广短视频，在"视频素材"选项区中点击"加号"图标，切换到"素材选择"界面，在该选项中选择拍摄好的商品视频素材，如图 5-209 所示。

图 5-207　点击"营销成片"图标　　图 5-208　"营销推广视频"界面　　图 5-209　选择商品视频素材

Step03 点击"下一步"按钮，将所选择的视频素材添加到"营销推广视频"界面的"视频素材"选项区中，如图 5-210 所示。在"AI 生成文案"选项区的"商品名称"文本框中输入商品名称，如图 5-211 所示。在"商品卖点"文本框中输入商品的卖点文字，也可以点击智能提供的卖点，添加相应的卖点信息，如图 5-212 所示。

图 5-210　完成视频素材的添加　　图 5-211　输入商品名称　　图 5-212　设置商品卖点

提示

在"营销推广视频"界面中有两种视频文案生成方式，一种是"AI 生成"，另一种是"输入／提取"。在"营销推广视频"界面的文案区域右上角可以切换这两种文案方式。默认为"AI 生成"方式，用户只需要输入商品标题和商品卖点，其他的文案内容都可以由 AI 自动生成。如果使用"输入／提取"方法，则需要用户手动输入相应的商品文案内容。

Step04 点击"展开更多"文字，在界面底部显示其他设置选项，如图 5-213 所示。完成"适用人群"和"优惠活动"选项的填写，在"视频设置"选项区中选择所生成短视频的尺寸和时长，如图 5-214 所示。

Step05 完成"营销推广视频"界面中选项的设置后，点击界面底部的"生成商品视频"按钮，《剪映》会自动对所添加的视频素材进行分析并生成相应的文案内容和短视频，显示短视频生成进度，如图 5-215 所示。

Step06 完成商品短视频的生成后，进入短视

图 5-213　显示更多　　图 5-214　完成其他　　图 5-215　显示短视频
设置选项　　　　　选项的设置　　　　生成进度

频预览界面，一次可以自动生成 5 个营销视频，如图 5-216 所示。在界面底部点击不同的营销视频缩览图，即可在预览区域中预览该短视频效果，如图 5-217 所示。

Step07 选择需要的营销短视频，点击界面右上角的"导出"按钮，在界面底部显示"导出设置"选项，如图 5-218 所示。

图 5-216　进入短视频预览界面　图 5-217　预览不同的营销短视频　图 5-218　显示导出设置选项

Step08 点击"分辨率"选项，在界面底部显示分辨率选项，可以选择导出视频的分辨率，默认为 1080p，如图 5-219 所示。如果在"导出设置"选项中点击左下角的"保存"图标，将显示短视频导出进度，如图 5-220 所示。导出完成后显示"导出成功"界面，可以将生成的短视频分享到抖音、微信、朋友圈等社交平台，如图 5-221 所示。

Step09 如果在"导出设置"选项中点击"无水印保存并分享"按钮，则显示短视频导出进度，导出完成后将自动跳转到《抖音》的短视频效果设置界面，可以对短视频效果进行设置，并在《抖音》中发布短视频，如图 5-222 所示。

图 5-219　显示
"分辨率"选项　　图 5-220　显示
导出进度　　图 5-221　"导出
成功"界面　　图 5-222　《抖音》App
效果设置界面

《剪映》中的"营销成片"功能是一项非常实用且高效的视频制作工具，它能够帮助用户快速生成高质量的营销视频，满足各种营销需求。

5.3.4　AI 作图

《剪映》的"AI 作图"功能通过智能化的图像处理和生成技术，允许用户根据输入的提示词或描述，自动生成具有专业水平的图片或设计元素。这一功能不仅简化了图片创作的流程，还为用户提供了更多的素材选择和创意空间。

在《剪映》的"创作区域"中点击"AI 作图"图标，如图 5-223 所示。切换到"AI 作图"界面，如图 5-224 所示。在文本框中输入需要创作的图片的关键词，如图 5-225 所示。

图 5-223　点击"AI 作图"图标　　图 5-224　"AI 作图"界面　　图 5-225　输入图片关键词

在"AI 作图"界面中，用户需要输入相应的关键词或描述，这些词汇将作为 AI 生成图片的参考依据。关键词可以是对图片内容、风格、色彩等方面的描述，用户可以根据自己的需求进行输入。

完成关键词的输入后，点击"立即生成"按钮，《剪映》将根据所设置的关键词自动生成 4 张与描述内容相关的图片，如图 5-226 所示。选择相应的图片，在界面底部会出现相应的编辑工具，如图 5-227 所示。

点击"细节重绘"图标，可以对所选择图片的细节进行重新生成并显示生成结果，如图 5-228 所示。

点击"超清图"图标，可以将所选择的图片处理为超清图片，如图 5-229 所示。

点击"下载"图标，可以下载所选择的图片到手机相册中。

点击"微调"图标，弹出文本编辑窗口，可以对描述文案进行微调，如图 5-230 所示。点击"确认"按钮，即可根据微调后的文案内容重新生成相应的图片，如图 5-231 所示。

图 5-226　显示 4 张创建的图片

图 5-227　显示图片编辑工具

图 5-228　细节重绘图片效果

图 5-229　超清图片效果

图 5-230　微调文案内容

图 5-231　重新生成图片

点击界面底部的"参数"图标，弹出"参数调整"选项，可以设置 AI 图片的"模型""比例"和"精细度"选项，如图 5-232 所示。

切换到"灵感"选项卡中，可以查看许多使用"AI 作图"功能创作的图片效果，以及这些图片的关键词文案，如图 5-233 所示。

图 5-232　"参数调整"选项

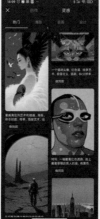

图 5-233　"灵感"选项卡中的 AI 创作图片

《剪映》中的"AI作图"功能的优势主要表现在以下几个方面。

（1）智能化。利用人工智能技术，根据用户输入的提示词自动生成图片，无须用户具备专业的图像处理技能。

（2）高效性。自动生成图片的过程快速且便捷，大大节省了用户的时间和精力。

（3）多样性。用户可以通过输入不同的提示词来获得多种风格的图片，满足不同的创作需求。

（4）可编辑性。生成的图片支持进一步编辑和调整，用户可以根据自己的需求进行个性化处理。

5.3.5　AI 特效

《剪映》中的"AI特效"功能通过智能化的图像处理技术，能够自动为用户的图片添加各种特效，从而增强视觉效果，提升内容的吸引力和趣味性。这些特效包括但不限于风格转换、滤镜应用、转场效果、视频速度调整及抖动修复等。

在《剪映》的"创作区域"中点击"AI特效"图标，如图 5-234 所示，切换到素材选择界面，点击选择手机相册中需要进行 AI 特效处理的图片，如图 5-235 所示。进入"AI 特效"界面中，在界面上方的预览区域中可以看到所选择图片的原始效果，如图 5-236 所示。

图 5-234　点击"AI 特效"图标　　图 5-235　选择需要处理的图片　　图 5-236　"AI 特效"界面

在"请输入描述词"文本框中点击并输入相应的描述词内容，描述词之间使用逗号分隔，如图 5-237 所示。完成图片描述词的输入后，点击"完成"按钮。

提示

在"请输入描述词"文本框的下方为用户提供了一些常用的描述词，点击即可添加到"请输入描述词"文本框中。点击"请输入描述词"文本框右下角的"随机"图标，可以在文本框中随机显示不同的描述词内容，但是这些描述词并不是根据用户所选择的图片而给出的。

"相似度"选项用于设置"AI特效"所生成的图片与原图的相似程度，值越大，生成的图片效果越接近描述词；值越小，生成的图片效果越接近原图。可以通过拖动"相似度"选项右侧的滑块来设置该选项的值，如图 5-238 所示。

完成描述词和相似度的设置后，点击界面底部的"立即生成"按钮，《剪映》会根据描述词对原始图片素材进行特效处理，并在图片预览区域中显示处理结果，如图 5-239 所示。

图 5-237　输入描述词　　　图 5-238　设置"相似度"选项　　　图 5-239　生成 AI 特效图片

完成特效图片的生成后，可以点击图片预览区域右下角的"对比"图标，查看原始图片与特效图片的对比效果。点击界面右上角的"保存"按钮，可以保存处理后的特效图片。

5.4　短视频效果的添加与设置

在《剪映》中，除了为用户提供了基础的视频剪辑和声音剪辑功能，还提供了许多短视频制作常用的特效和功能，如变速、画中画、文本动画、滤镜、特效等，使用这些功能，可以创作出各种短视频效果。

5.4.1　变速效果

打开《剪映》，点击"开始创作"图标，在选择素材界面中选择相应的视频素材，点击"添加"按钮，如图 5-240 所示。切换到视频剪辑界面，选择时间轴中的视频素材，点击底部工具栏中的"变速"图标，显示"变速"二级工具栏，如图 5-241 所示。

《剪映》为用户提供了 3 种

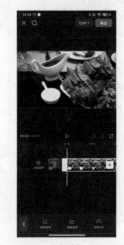

图 5-240　选择视频素材　　　图 5-241　"变速"二级工具栏

变速方式，分别是"常规变速""曲线变速"和"变速卡点"。

1. 常规变速

常规变速和其他视频剪辑中的变速处理相似，可以更改视频素材整体的倍速。

点击底部工具栏中的"常规变速"图标，在界面底部显示常规变速设置选项，如图 5-242 所示，支持最低 0.1 倍速、最高 100 倍速，选中"声音变调"选项，可以在调整视频倍速的情况下，同步对视频中的声音进行变调处理。

2. 曲线变速

点击底部工具栏中的"曲线变速"图标，显示曲线变速设置选项，如图 5-243 所示，内置了"蒙太奇""英雄时刻""子弹时间""跳接""闪进"和"闪出"6 种曲线变速方式。

图 5-242　"常规变速"选项

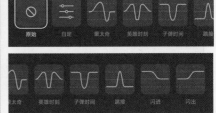

图 5-243　"曲线变速"选项

　　点击 6 种曲线变速方式中的任意一种方式图标，即可为视频素材应用该种曲线变速效果。例如点击"蒙太奇"图标，会自动在预览区域中播放应用"蒙太奇"变速方式后的视频效果，如图 5-244 所示。如果对变速效果不太满意，也可以点击"点击编辑"图标，在界面底部会显示"蒙太奇"变速方式的运动速度曲线，如图 5-245 所示。

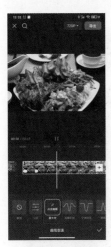

图 5-244　预览
"蒙太奇"变速方式

图 5-245　显示运
动速度曲线

提示

　　上升曲线表示视频播放持续加速，下降曲线表示视频播放持续减速，这种持续的曲线变速方式又被称为坡度变速，是视频剪辑过程中的一种专业操作，许多出色的视频剪辑中都会运用这一技巧，视频的忽快忽慢可以增强视频的仪式感。

点击并拖动速度曲线上的控制点，可以移动其位置，如图 5-246 所示。也可以点击"添加点"按钮，在速度曲线的空白位置添加速度曲线控制点，如图 5-247 所示。同样，点击选中相应的控制点，点击"删除点"按钮，可以将选中的控制点删除。点击"重置"选项，可以恢复默认的速度曲线设置，如图 5-248 所示。

图 5-246　移动控制点

图 5-247　添加控制点

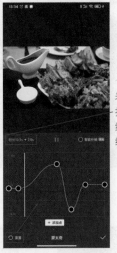

表示素材的原持续时间和曲线变速后的持续时间

图 5-248　重置速度曲线

> **提示**
>
> 如果想要给视频中的某一个物体特写，可以移动最低速控制点，直到预览画面中的该物体出现在画面中央。

如果点击"自定"图标，再次点击"点击编辑"图标，即可进入视频速度曲线的自定义编辑模式，用户可以通过拖动、添加控制点的方式，对视频的运动速度进行编辑设置。

3. 变速卡点

"变速卡点"功能是一项强大的视频编辑工具，该功能可以根据视频轨道中视频素材本身包含的音乐或音频轨道中音乐的节奏变化，调整视频片段的播放速度，以创造出独特的卡点效果。

点击底部工具栏中的"变速卡点"图标，显示变速卡点设置选项，如图 5-249 所示，内置了"闪光""摇摆模糊""闪黑变焦""复古运镜"和"彩虹"5 种变速卡点方式。

点击 5 种线变速卡点方式中的任意一种方式图标，即可为视频素材应用该种变速卡点效果。例如点击"闪光"图标，会自动在预览区域中播放应用"闪光"变速卡点方式后的视频效果，如图 5-250 所示。如果对变速卡点效果不太满意，也可以点击"调整参数"图标，在界面底部会显示"闪光"变速卡点的相关参数设置选项，如图 5-251 所示，通过参数的设置可以调整卡点节拍的频率、变速速度和效果强度。

 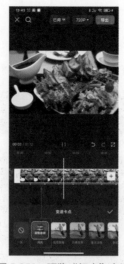 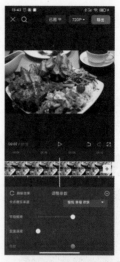

图 5-249 "变速卡点"选项　　图 5-250 预览"闪光"变速　　图 5-251 变速卡点的相关设置参数
　　　　　　　　　　　　　　　　卡点效果

5.4.2 画中画

　　画中画是一种视频内容呈现方式，是指在一部视频全屏播放的同时，在画面的小面积区域上同时播放另一部视频。

　　打开《剪映》，点击"开始创作"图标，在选择素材界面中选择相应的视频素材，点击"添加"按钮，如图 5-252 所示。切换到视频剪辑界面，点击底部工具栏中的"画中画"图标，显示"画中画"二级工具栏，如图 5-253 所示。

图 5-252 选择视频素材　图 5-253 "画中画"二级工具栏

　　点击底部工具栏中的"新增画中画"图标，在选择素材界面中选择另一个素材，点击"添加"按钮，如图 5-254 所示。切换到视频剪辑界面，就可以在主轨道的下方添加所选择的视频或图片素材，如图 5-255 所示。

　　在预览区域中使用手指进行捏合或分开操作，可以对刚导入的画中画素材进行缩放操作，如图 5-256 所示。在预览区域中用手指按住并拖动素材，可以对其进行移动操作，如图 5-257 所示。

> **提示**
>
> 　　在《剪映》中最多支持 6 个画中画，也就是 1 个主轨道和 6 个画中画轨道，总共可以同时播放 7 个视频。

图 5-254　选择　　　　图 5-255　添加　　　　图 5-256　对素材　　　图 5-257　对素材
　另一个素材　　　　画中画素材　　　　　进行缩放　　　　　进行移动

　　点击底部工具栏中的"画中画"图标，再点击"新增画中画"图标，在选择素材界面中选择另一个素材，点击"添加"按钮，如图 5-258 所示。切换到视频剪辑界面，就可以在主轨道的下方添加第 2 个画中画素材，如图 5-259 所示。在预览区域中调整刚添加的画中画素材到合适的大小和位置，如图 5-260 所示。

图 5-258　选择另一个素材　　图 5-259　添加第 2 个画中画素材　　图 5-260　调整素材大小和位置

提示

　　当一个视频剪辑中包含多个画中画素材时，后添加的画中画素材的层级较高，在重叠区域中，高层级的素材会覆盖低层级的素材。

　　在时间轴中选择任意一个画中画素材，点击底部工具栏中的"层级"图标，如图 5-261 所示。在底部弹出区域中可以调整画中画素材的层级，如图 5-262 所示。按住画中画素材缩览图并拖动即可调整画中画素材层级，在预览区域中可以看到素材层级的变化，而在时间轴区域中画中画素材的位置无变化，如图 5-263 所示。

图 5-261　点击"层级"图标　　图 5-262　显示层级选项　　图 5-263　调整层级效果

　　在时间轴中选择相应的画中画素材，点击底部工具栏中的"切主轨"图标，如图 5-264 所示。可以将所选择的画中画素材移动至主轨道素材之前，如图 5-265 所示。

　　同样，也可以将主轨道中的素材移至画中画轨道中，选择主轨道中需要移至画中画轨道的素材，点击底部工具栏中的"切画中画"图标，如图 5-266 所示，即可将所选择的主轨道素材移至画中画轨道中。

 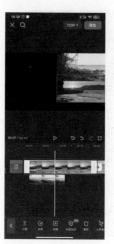 

图 5-264　点击"切主轨"图标　图 5-265　画中画素材移至主轨道前　图 5-266　点击"切画中画"图标

提示

　　如果需要将主轨道中的素材切到画中画轨道中，那么主轨道中必须至少包含两段素材，否则无法将素材切到画中画轨道中。

5.4.3　添加文本和贴纸

　　打开《剪映》，点击"开始创作"图标，在选择素材界面中选择相应的视频素材，点击"添加"按钮，如图 5-267 所示。点击底部工具栏中的"文本"图标，显示"文本"

二级工具栏，如图 5-268 所示。

1. 新建文本

点击底部工具栏中的"新建文本"图标，即可在视频素材上显示默认文本框，可以输入需要添加的文本内容，如图 5-269 所示。确认文字的输入后，在界面下方可以通过多个选项卡对文本效果进行设置。

在"字体"选项卡中提供了多种不同风格的字体，可以点击下载使用，如图 5-270 所示。

在"样式"选项卡中可以设置文字的样式效果，可以选择文字样式预设、文字颜色等，如图 5-271 所示。

 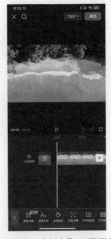

图 5-267　选择视频素材　　图 5-268　　"文本"二级工具栏

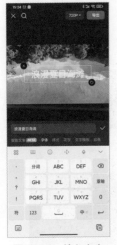  

——选择预设文字样式

文字填充、描边、背景、阴影颜色等

图 5-269　输入文字　　　　图 5-270　选择字体　　　　图 5-271　设置"样式"选项

在预览区域中可能看到文字边框中左上角和右下角的图标，点击左上角的"删除"图标，可以将文字删除，按住右下角的"缩放"图标并拖动可以进行文字缩放，如图 5-272 所示。

在"花字"选项卡中为用户提供了多种预设的综艺花字效果，点击相应的花字预览，即可为文字应用该种花字效果，如图 5-273 所示。

在"文字模板"选项卡中为用户提供了多种预设的文字模板效果，点击相应的文字模板预览即可为文字应用该种模板效果，如图 5-274 所示。

在"动画"选项卡中为用户提供了不同类型的文字动画预设，包括"入场动画""出场动画"和"循环动画"，点击相应的动画预览即可为文字应用该种动画效果，在动画预览的下方会出现滑块，拖动滑块可以调整文字动画的持续时间，如图 5-275 所示。

删除——

——缩放

图 5-272　文字缩放操作

图 5-273　应用花字效果

图 5-274　应用文字模板效果

点击"对号"图标，完成文字的添加和效果设置，在时间轴中将自动添加文字轨道。点击底部工具栏中的"文本朗读"图标，如图 5-276 所示，在弹出的选项中选择一种音色，点击"对号"图标，如图 5-277 所示。在预览区域点击"播放"图标，可以自动对添加的文字进行朗读。

图 5-275　设置"动画"选项

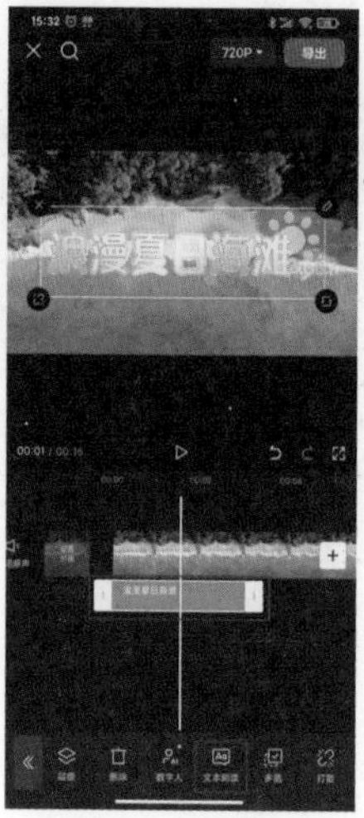

图 5-276　点击"文本朗读"图标

图 5-277　选择一种朗读音色

2. 识别字幕和识别歌词

"识别字幕"功能主要用于识别视频或声音素材中的人物说话，"识别歌词"功能主要用于识别视频或声音素材中的人物唱歌声音，从本质上来说这两个功能属于同一种功能。

点击底部工具栏中的"音频"图标，再点击"音乐"图标，如图 5-278 所示，显示"添加音乐"界面，在该界面中选择一首合适的中文歌曲，如图 5-279 所示。点击"使用"按钮，将所选择的音乐添加到时间轴中，如图 5-280 所示。

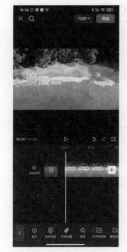  

图 5-278　点击"音乐"图标　　图 5-279　选择合适的中文歌曲　　图 5-280　将音乐添加到时间轴

　　点击"返回"图标，返回到主工具栏中，点击"文本"图标，再点击"识别歌词"图标，在弹出的对话框中点击"开始匹配"按钮，如图 5-281 所示。

　　因为是在线识别，所以需要一点时间。识别成功后，会自动在时间轴中添加歌词文字轨道，如图 5-282 所示。在预览区域点击"播放"按钮，预览视频，会看到自动添加的歌词字幕效果，如图 5-283 所示。

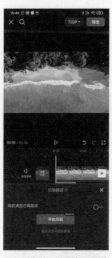  

图 5-281　点击"开始匹配"按钮　　图 5-282　自动添加歌词轨道　　图 5-283　预览默认的歌词效果

　　在时间轴中选择识别得到的歌词，在预览区域中可以拖动调整歌词的位置，并且可以通过文字框 4 个角的图标对文字进行相应的操作，如图 5-284 所示。

　　点击底部工具栏中的"动画"图标，可以为歌词文字选择一种预设的动画效果，例如这里选择"卡拉 OK"效果，如图 5-285 所示。点击"对号"图标，完成动画的添加，在预览区域点击"播放"图标，可以看到为歌词文字添加的动画效果，如图 5-286 所示。

删除　　　　　　　　　　　编辑
复制　　　　　　　　　　　缩放

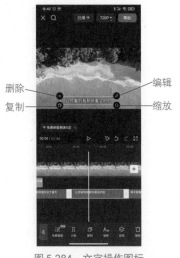

图 5-284　文字操作图标

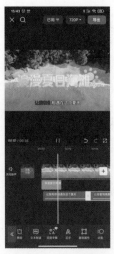

图 5-285　应用动画效果

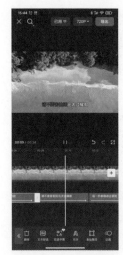

图 5-286　预览歌词文字动画

提示

除了可以为识别得到的歌词文字应用动画效果，还可以对文字的样式、花字效果等进行设置。为歌词文字应用动画效果，默认将应用于所有歌词文字。

3. 添加贴纸

点击底部工具栏中的"添加贴纸"图标，在界面底部将显示各种风格的内置贴纸，如图 5-287 所示。选择一种贴纸，即可将该贴纸添加到视频中，如图 5-288 所示。

点击"对号"图标，在时间轴中自动添加贴纸轨道，可以在预览区域中调整贴纸到合适的大小和位置，如图 5-289 所示。

图 5-287　显示贴纸选项

图 5-288　选择一种贴纸

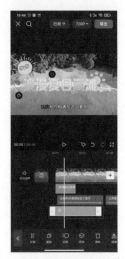

图 5-289　调整贴纸大小和位置

选择所添加的贴纸，在底部工具栏中可以看到相关的操作图标，如图 5-290 所示。可以对贴纸进行分割、复制、删除等操作。点击"动画"图标，在界面底部显示针对贴纸的相关动画预设，点击选择一种动画预设，如图 5-291 所示。点击"对号"图标，为贴纸应用相应的动画效果，在预览区域点击"播放"图标，可以看到添加的贴纸动画效果，如图 5-292 所示。

图 5-290　贴纸工具图标　　　　图 5-291　为贴纸添加动画　　　　图 5-292　预览贴纸动画效果

5.4.4　添加滤镜

本节将向读者介绍如何在《剪映》中为视频添加滤镜，添加合适的滤镜效果，可以为所创作的短视频作品带来一种脱离现实的美感。同一个视频添加不同的滤镜可能会产生不同的视觉效果。

打开《剪映》，点击"开始创作"图标，添加相应的视频素材，点击底部工具栏中的"滤镜"图标，在界面底部显示相应的滤镜选项，如图 5-293 所示。

《剪映》App 提供了多种不同类型的滤镜，点击滤镜预览图即可在预览区域查看应用该滤镜的效果，并且可以通过滑块调整滤镜效果的强弱，如图 5-294 所示。点击"对号"图标，返回视频剪辑界面，在时间轴中自动添加滤镜轨道，如图 5-295 所示。

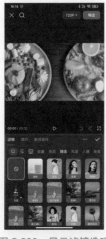

图 5-293　显示滤镜选项　　　　图 5-294　点击应用滤镜　　　　图 5-295　自动添加滤镜轨道

在时间轴区域拖动滤镜白色边框的左右两端，可以调整该滤镜的应用范围，如图 5-296 所示。

在《剪映》中，支持为创作的短视频同时添加多个滤镜，在空白处点击，不要选择任何对象，点击底部工具栏中的"新增滤镜"图标，即可为短视频添加第 2 个滤镜，如图 5-297 所示。

如果需要删除某个滤镜，只需要在时间轴中选择需要删除的滤镜轨道，点击底部工具栏中的"删除"图标，如图 5-298 所示，即可将选中的滤镜删除。

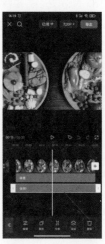

图 5-296 调整滤镜应用范围　　图 5-297 添加第 2 个滤镜　　图 5-298 删除滤镜

5.4.5 添加特效

通过使用《剪映》中提供的特效库，可以轻松地在短视频中实现许多炫酷的短视频特效。

打开《剪映》，添加视频素材，点击底部工具栏中的"特效"图标，在显示的二级工具栏中提供了"画面特效""人物特效"和"图片玩法"3 种特效分类，如图 5-299 所示。

点击"画面特效"图标，在界面底部将显示内置的多种不同类型的画面特效，如图 5-300 所示，"画面特效"中的效果都将应用于素材画面的整体。

点击"人物特效"图标，在界面底部将显示内置的多种不同类型的人物特效，如图 5-301 所示，"人物特效"

图 5-299 "特效"二级工具栏　　图 5-300 内置的画面特效

中的效果都将应用于素材中的人物特定部位。

点击"图片玩法"图标，在界面底部将显示内置的多种不同类型的图片特效，如图 5-302 所示，"图片玩法"特效中的效果都只针对图片素材起作用，对视频素材不可用。

 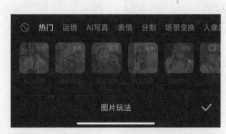

图 5-301　内置的人物特效　　　　　　　　图 5-302　内置的图片特效

点击相应的特效预览图，即可在视频预览区域中看到该特效的效果，例如这里点击"自然"分类中的"晴天光线"特效，如图 5-303 所示。

点击"对号"图标，返回视频剪辑界面，在时间轴中自动添加特效轨道，如图 5-304 所示。与添加滤镜相同，在时间轴区域拖动特效白色边框的左右两端，可以调整该特效的应用范围，如图 5-305 所示。

图 5-303　应用特效　　　　图 5-304　自动添加特效轨道　　　　图 5-305　调整特效应用范围

同样，也可以为创作的短视频同时添加多个特效，在空白处点击，不要选择任何对象，点击底部工具栏中的"画面特效"图标，即可为短视频添加第 2 个特效，如图 5-306 所示。

在时间轴中选择特效轨道，在底部工具栏中为用户提供了相应的特效工具，如图 5-307 所示。点击"调整参数"图标，可以在界面底部显示当前特效的参数设置选项，如图 5-308 所示，不同的特效可以设置的参数也有所不同；点击"替换特效"图标，可以对当前轨道中的特效进行修改替换；点击"复制"图标，可以复制当前选择的特效轨道；点击"作用对象"图标，可以在弹出的选项中选择当前轨道中的特效需要作用的对象，如图 5-309 所示，可以是主视频，也可以是其他轨道素材；点击"删除"图标，可以将选中的特效删除；点击"层级"图标，可以调整所添加的多个特效的叠放层级。

 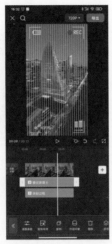  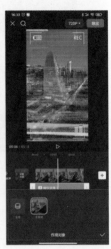

图 5-306　添加第 2 个特效　　图 5-307　特效工具栏　　图 5-308　设置特效参数　图 5-309　作用对象选项

提示

在视频中大量应用特效，会让大众产生审美疲劳，所以在短视频的创作过程中，重点还是在于视频内容，而不是多么花哨的特效。

5.4.6　视频调节

在《剪映》中可以对短视频进行调色处理，好的调色处理应该符合短视频的主题，不能过度夸张，应该恰到好处。

打开《剪映》，点击"开始创作"图标，添加相应的视频素材，点击底部工具栏中的"调节"图标，在界面底部显示相应的调节选项，如图5-310 所示。

根据需要点击需要调整的选项图标，即可在底部显示相应的调节选项，例如这里点击"亮度"选项，显示"亮度"调节选项，拖动滑块调整视频的亮度，如图 5-311 所示。还可以继续点击其他调节选项并进行相应的设置，如图 5-312 所示。

完成调节选项的添加和设置后，点击"对号"图标，返回视频

图 5-310　显示调节选项　　图 5-311　添加"亮度"调节

剪辑界面，在时间轴中自动添加调节轨道，如图 5-313 所示。与添加滤镜相同，在时间轴区域拖动调节白色边框的左右两端，可以调整该调节效果的应用范围，如图 5-314 所示。

图 5-312　设置其他调节选项　　图 5-313　自动添加调节轨道　　图 5-314　调整调节效果的范围

同样，也可以为创作的短视频同时添加多个调节轨道，选中调节轨道后，点击工具栏中的"调节"图标，显示调节选项，可以对所添加的调节效果进行修改；点击工具栏中的"删除"图标，可以删除所选择的调节轨道。

5.4.7　美颜美体

在《剪映》中还内置了美颜功能，打开《剪映》，点击"开始创作"图标，添加相应的素材，点击底部工具栏中的"剪辑"图标，在"剪辑"二级工具栏中点击"美颜美体"图标，在显示的工具栏中提供了"美颜"和"美体"两种功能可供选择，如图 5-315 所示。

点击"美颜"图标，在界面底部显示相应的美颜选项，如图 5-316 所示。例如选择"美颜"选项卡中的"磨皮"选项，可以通过拖动滑块对人物进行磨皮处理，可以看到人物皮肤变得更光滑，斑点也明显减少，效果如图 5-317 所示；选择"美型"选项卡中的"瘦脸"选项，可以通过拖动滑块对人物进行瘦脸处理，效果如图 5-318 所示。

图 5-315　显示功能图标　　图 5-316　美颜选项　　图 5-317　"磨皮"效果　　图 5-318　"瘦脸"效果

5.4.8 制作旅行短视频

本节将带领读者制作一个旅行短视频。旅行短视频除了需要对旅行过程中的美景视频片段进行剪辑制作，还需要为短视频制作一个非常炫酷的标题文字和开场镜头，这样可以为所制作的旅游短视频增色很多。通过使用《剪映》中的"画中画"与"混合模式"功能，为短视频制作一个具有震撼力的镂空文字开场效果，并且为短视频添加一首欢快的背景音乐，通过"自动识别"功能，自动识别歌曲中的内容并添加字幕，记录下欢乐的旅行过程。

> **任务** 制作旅行短视频
> *最终效果：资源 \ 第 5 章 \5-4-8.mp4　视频：视频 \ 第 5 章 \ 制作旅行短视频 .mp4*

Step01 打开《剪映》，点击"开始创作"图标，进入素材选择界面，切换到"素材库"选项卡中，点击选择"黑幕"素材，如图 5-319 所示。点击界面右下角的"添加"按钮，将所选择的"黑幕"素材添加到时间轴中，如图 5-320 所示。点击底部工具栏中的"文本"图标，显示"文本"二级工具栏，点击"新建文本"图标，输入旅游短视频的标题文字，如图 5-321 所示。

图 5-319　选择"黑幕"素材　　图 5-320　将"黑幕"素材添加到　　图 5-321　输入标题文字
　　　　　　　　　　　　　　　　　　　　时间轴

Step02 在"字体"选项卡中为所输入的文字选择一种合适的字体，并且在预览区域将文字适当放大，如图 5-322 所示。点击"对号"图标，完成文字的输入和设置，自动在时间轴中添加文字轨道，如图 5-323 所示。

Step03 点击界面右上角的"分辨率"选项，在弹出的选项中可以选择所要导出视频的分辨率，如图 5-324 所示。

Step04 点击界面右上角的"导出"按钮，将刚刚制作的旅行短视频的标题导出为一个视频文件，显示导出进度，如图 5-325 所示。导出完成后，显示导出完成界面，如图 5-326 所示。点击"完成"按钮，返回《剪映》的"剪辑"界面中，在"本地草稿"中可以看到刚导出的文字标题视频，如图 5-327 所示。

图 5-322　设置字体并将文字放大

图 5-323　自动添加文字轨道

图 5-324　设置分辨率和帧率

图 5-325　显示导出进度

图 5-326　完成视频导出界面

图 5-327　得到标题文字视频素材

Step05 在《剪映》的"剪辑"界面中点击"开始创作"图标，进入素材选择界面，同时选择多段需要使用的旅行视频素材片段，如图 5-328 所示。点击界面右下角的"添加"按钮，按顺序将所选择的多段视频素材添加到时间轴中，如图 5-329 所示。点击界面底部工具栏中的"画中画"图标，显示二级工具栏，如图 5-330 所示。

Step06 点击"新增画中画"图标，在素材选择界面中选择制作好的标题文字素材，点击"添加"按钮，如图 5-331 所示。切换到视频剪辑界面，将所选择的标题文字素材添加到主轨道的下方，如图 5-332 所示。在预览区域中通过两指分开操作，将文字素材放大至与视频素材相同，如图 5-333 所示。

Step07 点击选择时间轴中的标题文字素材，点击底部工具栏中的"混合模式"图标，在所显示的混合模式选项中点击选择"正片叠底"模式，在预览区域中可以看到该模式的效果，如图 5-334 所示。点击"对号"图标，应用混合模式设置。

图 5-328　选择多段视频素材

图 5-329　将多段视频素材
添加到时间轴

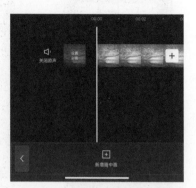
图 5-330　"画中画"二级工具栏

图 5-331　选择标题文字素材

图 5-332　添加画中画素材

图 5-333　调整画中画素材的大小

Step08 根据需要，可以在预览区域中将标题文字素材进行适当放大，如图 5-335 所示。点击底部工具栏中的"蒙版"图标，在界面底部显示"蒙版"选项，点击"线性"蒙版选项，如图 5-336 所示。

Step09 在预览区域中通过两指旋转操作，可以调整线性蒙版的角度，如图 5-337 所示。点击界面右下角的"对号"图标，确认蒙版的添加。选择时间轴中的标题文字素材，点击底部工具栏中的"复制"图标，复制该标题文字素材，如图 5-338 所示。在时间轴中将复制得到的文字素材拖动至原文字素材轨道的下方，如图 5-339 所示。

Step10 点击选择下方轨道中的文字素材，点击底部工具栏中的"蒙版"图标，在预览区域中通过两指旋转操作，调整该文字素材的线性蒙版角度，从而表现出完整的镂空文字，如图 5-340 所示。

Step11 点击选择上方轨道中的文字素材，点击底部工具栏中的"动画"图标，切换到"出场"选项卡中，如图 5-341 所示。点击选择"向左滑动"出场动画，设置动画时长为 1 秒，如图 5-342 所示，点击"对号"图标，应用该出场动画效果。

图 5-334　应用"正片叠底"
　　　　　混合模式

图 5-335　将画中画素材适当放大

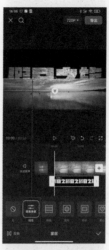

图 5-336　应用线性蒙版

图 5-337　调整线性蒙版角度

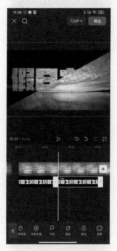

图 5-338　复制标题文字素材

图 5-339　调整文字素材叠放顺序

Step 12 点击选择下方轨道中的文字素材，点击底部工具栏中的"动画"图标，切换到"出场"选项卡中，点击选择"向右滑动"选项，设置动画时长为 1 秒，如图 5-343 所示，点击"对号"图标，应用该出场动画效果。将时间指示器移至起始位置，返回主工具栏中，如图 5-345 所示。

Step 13 点击底部工具栏中的"音频"图标，点击二级工具栏中的"音乐"图标，显示音乐界面，如图 5-346 所示。

Step 14 在界面中切换到"收藏"选项卡，点击音乐名称可以试听音乐，选择合适的音乐，点击"使用"按钮，如图 5-346 所示。将所选择的音乐添加到时间轴中，如图 5-347 所示。拖动音频轨道中所添加的背景音乐，将其调整到画中画开屏显示完成的位置，如图 5-348 所示。

图 5-340 调整线性蒙版角度　图 5-341 切换到"出场"选项卡　图 5-342 应用"向左滑动"动画

图 5-343 应用"向右滑动"动画　图 5-344 返回主工具栏　图 5-345 显示音乐界面

图 5-346 选择需要使用的音乐　图 5-347 将音乐添加到音频轨道中　图 5-348 调整背景音乐的起始位置

Step15 点击选择第 1 段视频素材，拖动其白边框的右侧，将第 1 段视频素材裁剪为 6 秒，如图 5-349 所示。点击选择第 2 段视频素材，点击底部工具栏中的"变速"图标，在二级工具栏中点击"常规变速"图标，如图 5-350 所示。在界面底部显示"常规变速"选项，调整速度为原视频素材的 1.5 倍，如图 5-351 所示。点击界面右下角的"对号"图标，确认对该视频素材的调整。

图 5-349　对第 1 段素材进行裁剪　图 5-350　点击"常规变速"图标　图 5-351　调整视频素材的速度

Step16 使用相同的操作方法，分别对视频轨道中的其他视频素材的速度进行调整，如图 5-352 所示。

> **提示**
>
> 完成背景音乐的添加后，可以观察背景音乐的时长与视频轨道中视频素材的时长是否一致，如果不一致，尽量将视频轨道中的素材时长调整为与背景音乐时长相近。这里分别设置第 3 段和第 4 段视频素材的速度为 1.5 倍，第 5 段视频素材的速度为 1.2 倍。当然，也可以通过对视频素材进行裁剪的方法进行调整，从而使视频轨道中所有素材的时长与背景音乐时长差不多。

Step17 点击视频轨道中第 1 段与第 2 段素材之间的白色方块图标，在界面底部显示转场选项，如图 5-353 所示。切换到"叠化"选项卡中，点击选择"画笔擦除"选项，再点击"全局应用"选项，如图 5-354 所示，将所选择的"画笔擦除"转场效果应用到视频轨道的所有素材之间。

Step18 点击界面右下角的"对号"图标，完成视频轨道各素材之间转场效果的添加，如图 5-355 所示。返回主工具栏中，点击"文本"图标，在二级工具栏中点击"识别歌词"图标，在弹出的选项中点击"开始匹配"按钮，如图 5-356 所示。完成歌词的识别，自动添加相应的文字轨道，如图 5-357 所示。

> **提示**
>
> 在视频轨道的多个素材之间既可以应用不同的转场效果，也可以应用相同的转场效果。如果需要应用相同的转场效果，只需要选择转场效果后，点击"全局应用"选项，即可将所选择的转场效果同时应用到视频轨道的所有素材之间。

图 5-352　对其他素材　　　图 5-353　显示转场选项　　　图 5-354　应用"画笔
的速度进行设置　　　　　　　　　　　　　　　　　　　　擦除"转场

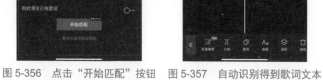

图 5-355　完成转场设置　　图 5-356　点击"开始匹配"按钮　图 5-357　自动识别得到歌词文本

Step19 点击选择文字轨道，点击底部工具栏中的"花字"图标，在界面底部显示内置的花字选项，选择一种花字样式，如图 5-358 所示。点击"对号"图标，应用文字样式设置。在预览窗口中调整字幕的位置并适当放大，如图 5-359 所示。

Step20 点击"关闭原声"图标，将视频轨道中所有视频素材的原声关闭，如图 5-360 所示。

Step21 点击视频轨道左侧的"设置封面"文字，进入封面设置界面，选择视频轨道的第 1 帧作为该短视频的封面，如图 5-361 所示。点击"保存"按钮，完成短视频封面的设置。点击界面右上角的"分辨率"选项，在弹出的选项中可以选择所要导出视频的分辨率，如图 5-362 所示。

Step22 点击界面右上角的"导出"按钮，将制作完成的旅行短视频进行导出。导出完成后，可以同步将所制作的视频分享到《抖音》和《西瓜视频》短视频平台，如图 5-363 所示。

图 5-358　选择花字样式

图 5-359　将文本适当放大

图 5-360　关闭视频素材原声

图 5-361　封面设置界面

图 5-362　设置导出选项

图 5-363　完成视频导出界面

Step23 至此，完成旅行短视频的剪辑制作，预览视频效果，如图 5-364 所示。

图 5-364　预览旅行短视频效果

5.5　本章小结

　　短视频的创作重点在于创意，视频剪辑软件的功能是有限的，而创意是无限的，只有拥有良好的创意，才能够制作出出色的短视频作品。完成本章内容的学习后，读者需要掌握使用《剪映》对短视频进行后期剪辑处理的方法和技巧，通过不断练习，逐步提高自己的短视频后期剪辑制作水平。

5.6　课后练习

　　完成本章内容的学习后，接下来通过课后练习，检测一下读者对本章内容的学习效果，同时加深读者对所学知识的理解。

一、选择题

1.（　　）是一项专为满足营销需求而设计的视频制作工具，旨在帮助用户快速生成高质量的营销视频。

　　A. 视频翻译　　　　B. AI 商品图　　　　C. 营销成片　　　　D. 智能抠图

2. （　　）功能可以将产品置于不同的环境中，通过智能化的图像处理和生成技术，提升产品的表现力，使商品图片更加生动、吸引人。

　　A. AI 作图　　　　　　B. AI 商品图　　　　　C. 营销成片　　　　　D. 智能抠图

3. 《剪映》支持的最高剪辑精度为（　　）画面。

　　A. 2 帧　　　　　　　B. 3 帧　　　　　　　C. 4 帧　　　　　　　D. 5 帧

4. 《剪映》的（　　）功能通过智能化的图像处理和生成技术，允许用户根据输入的提示词或描述，自动生成具有专业水平的图片或设计元素。

　　A. AI 作图　　　　　　B. AI 商品图　　　　　C. AI 特效　　　　　D. 智能抠图

5. 在《剪映》中为用户提供了（　　）种视频比例。

　　A. 5　　　　　　　　　B. 6　　　　　　　　　C. 8　　　　　　　　　D. 10

二、判断题

1. 《剪映》目前只能在 iOS 版本和 Android 版本的移动平台上使用。（　　）

2. 在《剪映》的"素材库"中为用户提供的多种内置的视频素材片段，并且所有视频素材中的文字内容都支持修改。（　　）

3. 在时间轴区域进行双指捏合操作，可以缩小轨道时间轴大小，适合视频的粗放剪辑；在时间轴区域进行双指分开操作，可以放大轨道时间轴大小，适合视频的精细剪辑。（　　）

4. 在"素材库"选项卡中提供的都是视频片段，所以素材中的文字内容都支持修改。（　　）

5. 在《剪映》中最多支持 6 个画中画，也就是 1 个主轨道和 6 个画中画轨道，总共可以同时播放 7 个视频。（　　）

三、操作题

根据本章所讲解的内容，运用所学的相关知识，自己使用手机或数码相机等拍摄旅游过程中的视频素材片段，题材不限，最终使用《剪映》对短视频进行剪辑处理，并为短视频制作开场标题文字，完成一个完整的旅游短视频的制作。

第 6 章
使用 Premiere 制作短视频

　　Premiere 是 Adobe 公司推出的一款基于 PC 平台的视频后期编辑与处理软件，它凭借卓越的性能与广泛的应用领域，在短视频创作、电视节目精良制作及影视后期高端处理等多个维度大放异彩。正是由于 Premiere 在功能全面性、操作便捷性、画面质量及行业兼容性等方面的杰出表现，它已成为了当今视频后期处理领域广受欢迎且不可或缺的软件之一，持续引领着视频创作与制作的潮流与创新。

　　本章将向读者介绍 Premiere 软件的基本操作方法及各部分的重要功能，重点在于让读者掌握使用 Premiere 对短视频进行后期编辑处理和特效制作的方法。

学习目标

　1. 知识目标
- 认识 Premiere 工作界面。
- 掌握 Premiere 的基本操作方法。
- 认识 Premiere 中的监视器窗口和素材剪辑操作。
- 认识 Premiere 中的视频剪辑工具。
- 掌握常用视频元素的创建方法。
- 认识"效果控件"面板。
- 掌握文字的输入与设置。
- 了解视频效果和视频效果的添加。
- 了解视频过渡效果和过渡效果的添加。

　2. 能力目标
- 能够制作分屏显示效果。
- 能够制作文字遮罩片头。
- 能够为视频局部添加马赛克。
- 能够制作体育运动宣传短视频。

　3. 素质目标
- 掌握所学专业的基础知识和核心技能，能够熟练运用相关工具和技术。
- 具备科学的世界观、人生观和价值观，具备良好的职业道德和行为规范。

6.1　Premiere 基础操作

　　在使用 Premiere 进行视频剪辑处理之前，首先需要认识 Premiere 的工作界面及软件的基本操作，以便更顺利地学习和使用该软件。

6.1.1　Premiere 工作界面

完成 Adobe Premiere Pro 软件的安装后，双击启动图标，即可启动 Premiere Pro，启动界面如图 6-1 所示。完成 Premiere Pro 的启动后，在界面中显示"开始"窗口，在该窗口中为用户提供了项目的基本操作按钮，如图 6-2 所示，包括"新建项目""打开项目"等，单击相应的按钮，可以快速进行相应的项目操作。

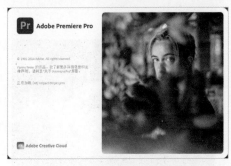

图 6-1　Premiere Pro 的启动界面　　　　　　图 6-2　"开始"窗口

Premiere 采用了面板式的操作环境，整个工作界面由多个活动面板组成，视频的后期编辑处理就是在各个面板中进行的。Premiere 的工作界面主要是由菜单栏、"源"监视器窗口、"节目"监视器窗口、"项目"面板、"工具"面板、"时间轴"面板和"音频仪表"面板等组成，如图 6-3 所示。

图 6-3　Premiere 工作界面

1. 菜单栏

Premiere 的主菜单栏中包含 9 个菜单，分别是文件、编辑、剪辑、序列、标记、图形和标题、视图、窗口和帮助，如图 6-4 所示。只有选中可操作的相关素材元素后，菜单中的相关命令才能被激活，而灰色的是不可用的状态。

> Pr Adobe Premiere Pro 2024 - D:\BOOK\2024\5.微课学短视频拍摄与后期制作\源文件\第6章\无标题.prproj *
>
> 文件(F)　编辑(E)　剪辑(C)　序列(S)　标记(M)　图形和标题(G)　视图(V)　窗口(W)　帮助(H)

图 6-4　Premiere 的菜单栏

2. 监视器窗口

Premiere 中包含两个监视器窗口，分别是"源"监视器窗口和"节目"监视器窗口。"节目"监视器窗口主要用来显示视频剪辑处理后的最终效果，如图 6-5 所示。"源"监视器窗口主要用来预览和修剪素材，如图 6-6 所示。

图 6-5　"节目"监视器窗口　　　　　　图 6-6　"源"监视器窗口

3. "项目"面板

"项目"面板用于对素材进行导入和管理，如图 6-7 所示。在该面板中可以显示素材的属性信息，包括素材缩略图、类型、名称、颜色标签、出入点等，也可以为素材执行新建、分类、重命名等操作。

4. "工具"面板

在"工具"面板中提供了多种工具，可以对素材进行添加、分割、增加或删除关键帧等操作，如图 6-8 所示。

图 6-7　"项目"面板　　　　　　　　　　图 6-8　"工具"面板

5. "时间轴"面板

"时间轴"面板是 Premiere 的核心部分，如图 6-9 所示。在该面板中，用户可以按照时间顺序排列和连接各个素材，实现对素材的剪辑、插入、复制、粘贴等操作，也可以叠加图层、设置动画的关键帧及合成效果等。

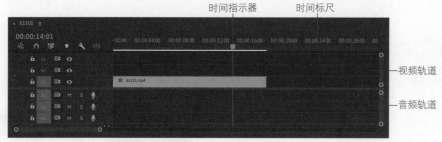

图 6-9　"时间轴"面板

6. "音频仪表"面板

在"音频仪表"面板中可以对"时间轴"面板的音频轨道中的音频素材进行相应的设置，如音频的高低、左右声道等。

6.1.2　创建项目和序列

项目是一种单独的 Premiere 文件，包含了序列及组成序列的素材，如视频、图片、音频、字幕等。项目文件还存储着一些图像采集设置、切换和音频混合、编辑结果等信息。在 Premiere 中，所有的编辑任务都是通过项目的形式存在和呈现的。

Premiere 的一个项目文件是由一个或多个序列组成的，最终输出的影片包含了项目中的序列。序列对项目而言极其重要，因此熟练掌握序列的操作至关重要。下面介绍如何在 Premiere 中创建项目文件和序列。

1. 创建项目文件

启动 Premiere 软件，可以在"开始"窗口中单击"新建项目"按钮，也可以执行"文件 > 新建 > Project"命令，切换到"导入"选项卡中，在顶部的"项目名"文本框中输入项目名称，在"项目位置"下拉列表框中选择"选择位置"选项，在打开窗口中选择项目文件的保存位置，其他选项可以采用默认设置，如图 6-10 所示。

单击"创建"按钮，即可创建一个新的项目文件，在项目文件的保存位置可以看到自动创建的 Premiere 项目文件，如图 6-11 所示。

图 6-10　设置项目名称和保存位置

图 6-11　创建的项目文件

> **提示**
>
> 要打开项目文件，可以执行"文件 > 打开项目"命令，或者执行"文件 > 打开最近使用的内容"命令，在子菜单中将显示用户最近一段时间编辑过的项目文件。

2. 创建序列

完成项目文件的创建后，会自动切换到"编辑"选项卡中，即可开始该项目文件的编辑处理。首先需要在该项目文件中创建序列，执行"文件 > 新建 > 序列"命令，或者单击"项目"面板中的"新建项"按钮■，在打开的下拉菜单中选择"序列"命令，如图 6-12 所示。弹出"新建序列"对话框，如图 6-13 所示。

图 6-12　选择"序列"命令　　　　　图 6-13　"新建序列"对话框

在"新建序列"对话框中，默认显示的是"序列预设"选项卡，其中罗列了诸多预设方案，选择某一方案后，在对话框右侧的列表框中可以查看相对应的方案描述及详细参数。

选择"设置"选项卡，可以在预设方案的基础上，进一步修改相关设置和参数，如图 6-14 所示。单击"确定"按钮，完成"新建序列"对话框的设置，在"项目"面板中可以看到所创建的序列，如图 6-15 所示。

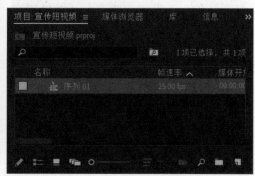

图 6-14　"设置"选项卡　　　　　图 6-15　"项目"面板中的序列

6.1.3　导入素材

在 Premiere 中进行视频编辑处理时，首先需要将视频、图片、音频等素材导入到"项目"面板中，然后再进行编辑处理。

如果需要将素材导入到 Premiere 中，可以执行"文件 > 导入"命令，或者在"项目"面板的空白位置双击，弹出"导入"对话框，选择需要导入的素材文件，如图 6-16 所示。单击"打开"按钮，即可将所选择的素材文件导入到"项目"面板中。

双击"项目"面板中的素材，可以在"源"监视器窗口中查看该素材的效果，如图 6-17 所示。

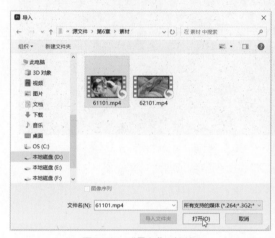

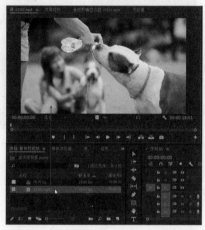

图 6-16　"导入"对话框　　　　　　　图 6-17　在"源"监视器窗口中查看素材

提示

在"导入"对话框中可以同时选中多个需要导入的素材，并将它们同时导入到"项目"面板中，也可以单击"导入"对话框中的"导入文件夹"按钮，实现整个文件夹素材的导入。

6.1.4　保存与输出操作

在 Premiere 中完成项目文件的编辑操作后，需要将其进行保存。

执行"文件 > 保存"命令，或按【Ctrl+S】组合键，可以对项目文件进行覆盖保存。

执行"文件 > 另存为"命令，弹出"保存项目"对话框，可以通过设置新的存储路径和项目文件名称进行保存。

执行"文件 > 保存副本"命令，弹出"保存项目"对话框，可以将项目文件以副本的形式进行保存。

完成项目文件的编辑处理后，还需要将项目文件导出为视频，当然，在 Premiere 中也可以将项目文件导出为其他文件形式。

执行"文件 > 导出 > 媒体"命令，切换到"导出"选项卡，如图 6-18 所示。在该选项卡中可以设置导出媒体的格式、文件名称、输出位置、模式预设、效果、视频、音频、字幕、发布等信息。

图 6-18 "导出"选项卡

设置完毕后，单击"导出"按钮，即可将制作好的项目文件导出为视频文件。

完成项目文件的编辑制作后，执行"文件＞关闭项目"命令，可以关闭当前所制作的项目文件。

6.2 Premiere 中的素材剪辑操作

Premiere 是一款非线性编辑软件，非线性编辑软件的主要功能就是对素材进行剪辑操作，通过各种剪辑技术对素材进行分割、拼接和重组，最终形成完整的视频文件。

6.2.1 监视器窗口

监视器窗口包括"源"监视器窗口和"节目"监视器窗口，这两个窗口是视频后期剪辑处理的主要"阵地"。为了提高工作效率，本节将对这两个监视器窗口进行简单介绍。

双击"项目"面板中需要编辑的视频素材，可以在"源"监视器窗口中显示该素材，如图 6-19 所示。

"源"监视器窗口底部的功能操作按钮从左至右依次是"添加标记"■、"标记入点"■、"标记出点"■、"转到入点"■、"后退一帧"■、"播放 - 停止切换"■、"前进一帧"■、"转到出点"■、"插入"■、"覆盖"■和"导出帧"■。

"节目"监视器窗口与"源"监视器窗口非常相似，如图 6-20 所示。当序列上没有素材时，"节目"监视器窗口中显示黑色，只有序列上放置了素材，该窗口中才会显示素材的内容，这个内容就是最终导出的节目内容。

仅拖动视频
缩放级别

仅拖动音频
回放分辨率
设置工具

时间指示器位置　00:00:00:00　适合　　　　　　　　1/2　　00:00:13:00　入点 / 出点持续时间
时间指示器

图 6-19　"源"监视器窗口

图 6-20　"节目"监视器窗口

　　"节目"监视器窗口底部的功能操作按钮与"源"监视器窗口基本相同，但有 3 个例外，分别为"提升" 、"提取" 和"比较视图" 。

　　"节目"监视器窗口的"提升"是指，在"节目"监视器窗口中选取的素材片段在"时间轴"面板中的轨道上被删除后，原位置内容空缺，等待新内容的填充，如图 6-21 所示。

　　"节目"监视器窗口的"提取"是指，在"节目"监视器窗口中选取的素材片段在"时间轴"面板中的轨道上被删除后，后面的素材前移及时填补空缺，如图 6-22 所示。

图 6-21　单击"提升"按钮的效果

图 6-22　单击"提取"按钮的效果

"节目"监视器窗口的"比较视图"是指，在"节目"监视器窗口中将当前位置的画面与"源"监视器窗口素材的原始画面进行对比。

"源"监视器窗口中的"插入"是指，在"时间轴"面板中的当前时间位置之后插入选取的素材片段，当前时间位置之后的源素材自动向后移动，节目总时长变长。

"源"监视器窗口中的"覆盖"是指，在"时间轴"面板中的当前时间位置使用选取的素材片段替换原有素材。如果选取的素材片段时长没有超过当前时间位置之后的原素材时长，节目总时长不变；反之，节目总时长为当前时长加上选取的素材片段时长。

通过以上对比可以了解到，"源"监视器窗口是对"项目"面板中的素材进行剪辑的，并将剪辑得到的素材插入到"时间轴"面板中；而"节目"监视器窗口是对"时间轴"面板中的素材直接进行剪辑的。"时间轴"面板中的内容通过"节目"监视器窗口显示出来，也是最终导出的视频内容。

6.2.2　素材剪辑操作

单击"源"监视器窗口底部的"播放"按钮▶，可以观看视频素材。拖动时间指示器至需要的起始位置，单击"标记入点"按钮，如图 6-23 所示，即可完成素材入点的设置。拖动时间指示器至需要的结束位置，单击"标记出点"按钮，如图 6-24 所示，即可完成素材出点的设置。

图 6-23　设置视频素材入点位置　　　　图 6-24　设置视频素材出点位置

提示

使用鼠标拖动时间指示器时，不能拖动得很精确，可以借助"前进一帧"按钮或"后退一帧"按钮，进行精确的调整。

单击"源"监视器窗口底部的"插入"按钮，即可将入点与出点之间的视频素材插入到"时间轴"面板的 V1 轨道中，如图 6-25 所示。在"源"监视器窗口中拖动时间指示器至需要的起始位置，单击"标记入点"按钮，如图 6-26 所示。

拖动时间指示器至需要结束的位置，单击"标记出点"按钮，如图 6-27 所示，完成视频素材中需要部分的截取。在"时间轴"面板中确认时间指示器位于第 1 段视频素材结束位置，单击"源"监视器窗口底部的"插入"按钮，即可将入点与出点之间的视频素材插入到"时间轴"面板的 V1 轨道中，如图 6-28 所示，完成第 2 段视频素材的插入。

图 6-25　插入截取的视频素材

图 6-26　设置视频素材入点位置

图 6-27　设置视频素材出点位置

图 6-28　插入截取的第 2 段视频素材

提示

在"源"监视器窗口中设置素材的入点和出点，在"时间轴"面板中确定需要插入素材的位置，然后单击"源"监视器窗口中的"插入"按钮，将选取的素材插入到"时间轴"面板中，这种方法通常称为"三点编辑"。

6.2.3　视频剪辑工具

默认情况下，"工具"面板位于"项目"与"时间轴"面板之间，用户可以根据自己的习惯调整"工具"面板的位置。在"工具"面板中包含了多个可用于视频编辑操作的工具，分别介绍如下。

"**选择工具**" ▶：使用该工具可以选择素材，并将所选择的素材拖曳至其他轨道等操作。

"**向前选择轨道工具**" ▦：当"时间轴"面板中的某一条轨道中包含多个素材时，单击该按钮，可以选中当前所选择素材右侧的所有素材片段。

"**向后选择轨道工具**" ◀▦：当"时间轴"面板中的某一条轨道中包含多个素材时，单击该按钮，可以选中当前所选择素材左侧的所有素材片段。

"**波纹编辑工具**" ◀▶：使用该工具，将鼠标指针移至单个视频素材的开始或结束位置时，可以拖动调整选中的视频长度，前方或后方的素材片段在编辑后会自动吸附（注：修改的范围不能超出原视频的范围）。

"**滚动编辑工具**" ▦：使用该工具，可以在不影响轨道总长度的情况下，调整其中某个视频的长度（缩短其中一个视频的长度，其他视频变长；拖长其中一个视频的长度，其他视频变短）。需要注意的是，使用该工具时，视频必须已经修改过长度，有足够剩余的时间来进行调整。

"比率拉伸工具" ⬛：使用该工具，可以将原有的视频素材拉长，视频播放就变成了慢动作；也将视频长度变短，视频效果就类似于快进播放的效果。

"重新混合工具" ⬛：使用该工具，可以实现音频的重新混合和调整，以达到想要的音频效果。

"剃刀工具" ◆：使用该工具，在素材上合适的位置单击，可以在单击的位置分割素材。

"外滑工具" ⬛：对已经调整过长度的视频，在不改变视频长度的情况下，使用该工具在视频上进行拖动，可以变换视频区间。

"内滑工具" ⬛：使用该工具在视频素材上拖动，选中的视频长度不变，变换剩余的视频长度。

"钢笔工具" ✎：使用该工具，可以在"节目"监视器窗口内绘制出自由形状图形。

"矩形工具" ▢：使用该工具，可以在"节目"监视器窗口内绘制出矩形。

"椭圆工具" ⬭：使用该工具，可以在"节目"监视器窗口内绘制出椭圆形。

"多边形工具" ⬡：使用该工具，可以在"节目"监视器窗口内绘制出多边形。

"手形工具" ✋：使用该工具，可以在"时间轴"面板和监视器窗口中进行拖曳预览。

"缩放工具" 🔍：使用该工具，在"时间轴"面板中单击可以放大时间轴，按住【Alt】键并单击可以缩小时间轴。

"文字工具" Ｔ：使用该工具，在"节目"监视器窗口单击可以输入文字。在该工具中还包含"垂直文字工具"，可以输入竖排文字。

6.2.4　修改视频素材的播放速率

执行"剪辑＞速度/持续时间"命令，可以在弹出的对话框中设置视频剪辑播放的时长或比率，而使用"比率拉伸工具"比它更直观、更简便。使用"比例伸缩工具"将原有的视频长度拉长，视频播放速度就会变慢，实现慢动作效果；将视频长度压缩变短，视频播放速度就会变快，实现快进播放效果。

例如，将"项目"面板中的视频素材拖入到"时间轴"面板的视频轨道中，该视频素材的总时长为 3 秒 15 帧，如图 6-29 所示。使用"比率拉伸工具" ⬛，将鼠标指针移至视频素材结束位置，按住鼠标左键并向左拖动鼠标，如图 6-30 所示。

图 6-29　将视频素材拖入视频轨道　　　　图 6-30　使用"比率伸缩工具"进行拖动调整

将视频素材时长压缩至 2 秒 15 帧，释放鼠标，完成视频素材的调整，如图 6-31 所示。在"节目"监视器窗口中单击"播放"按钮，预览视频效果，可以发现视频的播放速度明显加快，如图 6-32 所示。

使用"比率拉伸工具" ⬛，将鼠标指针移至视频素材结束位置，按住鼠标左键并向右拖动鼠标，将视频素材时长延长至 5 秒 15 帧，释放鼠标，如图 6-33 所示。在"节目"监视器窗口中单击"播放"按钮，预览视频效果，可以发现视频的播放速度明显变慢。

图 6-31　完成视频素材的调整

图 6-32　预览视频效果

图 6-33　使用"比率拉伸工具"进行拖动调整

使用"选择工具"，选择视频轨道中的视频素材，执行"剪辑 > 速度/持续时间"命令，弹出"剪辑速度/持续时间"对话框，如图 6-34 所示。在该对话框中可以精确设置视频素材播放速度的百分比和持续时间，从而实现快放和慢放的效果。在"剪辑速度/持续时间"对话框中还可以设置视频素材的倒放速度，只需要选择"倒放速度"复选框即可。

图 6-34　"剪辑速度/持续时间"对话框

除了以上方法，还可以使用效果控件里的"时间重映射"功能来改变视频的播放速度，实现快慢镜头的效果。

6.2.5　创建其他常用的视频元素

在 Premiere 中内置了许多在视频剪辑过程中经常会用到的视频元素，包括黑场、彩条视频、颜色遮罩、通用倒计时片头等，只需要通过简单的设置即可创建，非常方便。

1. 黑场

黑场视频可以加在片头或两个素材中间，目的是预留编辑位置，片头制作完成后替换掉黑场视频或增加转场效果时，不至于太突然。

执行"文件 > 新建 > 黑场视频"命令，或者单击"项目"面板右下角的"新建项"按钮，在打开的下拉菜单中选择"黑场视频"命令，如图 6-35 所示。弹出"新建黑场视频"对话框，对相关参数进行设置，一般默认为当前序列的各个参数设置，如图 6-36 所示。

单击"确定"按钮，即可创建一个黑场视频并出现在"项目"面板中，可以将所创建的黑场视频拖入"时间轴"面板的视频轨道中，后面接其他视频素材，放置在两个视频剪辑之间，实现镜头的过渡。

2. 彩条视频

彩条视频一般添加在片头，用来测试显示设备的颜色、色度、亮度、声音等是否符合标准。

图 6-35 选择"黑场视频"命令　　　　　图 6-36 "新建黑场视频"对话框

执行"文件 > 新建 > 彩条"命令，或者单击"项目"面板右下角的"新建项"按钮标，在打开的下拉菜单中选择"彩条"命令，如图 6-37 所示。弹出"新建色条和色调"对话框，对相关参数进行设置，一般默认为当前序列的各个参数设置，如图 6-38 所示。

图 6-37 选择"彩条"命令　　　　　图 6-38 "新建色条和色调"对话框

单击"确定"按钮，即可创建一个色条并出现在"项目"面板中，如图 6-39 所示。可以将所创建的色条拖入"时间轴"面板的视频轨道中，后面接其他视频素材。在"节目"监视器窗口中可以看到彩条的效果，如图 6-40 所示。

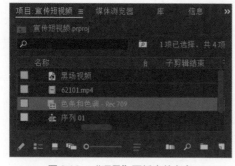
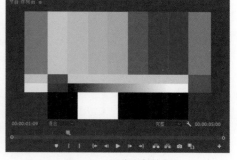

图 6-39 "项目"面板中的色条　　　　　图 6-40 预览彩条效果

3. 颜色遮罩

颜色遮罩主要是用来制作影片背景的，结合视频特效可以制作出漂亮的背景图案。
执行"文件 > 新建 > 颜色遮罩"命令，或者单击"项目"面板右下角的"新建项"按钮，在打开的下拉菜单中选择"颜色遮罩"命令，如图 6-41 所示。弹出"新建颜色遮罩"对话框，对相关参数进行设置，一般默认为当前序列的各个参数设置，如图 6-42 所示。

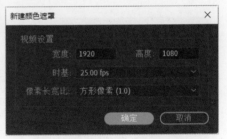

图 6-41　选择"颜色遮罩"命令　　　　　　图 6-42　"新建颜色遮罩"对话框

单击"确定"按钮，弹出"拾色器"对话框，选择一种颜色，如图 6-43 所示。单击"确定"按钮，弹出"选择名称"对话框，设置一个颜色遮罩名称，如图 6-44 所示。单击"确定"按钮，即可创建一个颜色遮罩素材并出现在"项目"面板中，如图 6-45 所示。可以将所创建的颜色遮罩素材拖入"时间轴"面板的视频轨道中使用。

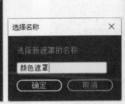

图 6-43　"拾色器"对话框　　图 6-44　"选择名称"　　图 6-45　"项目"面板中的
　　　　　　　　　　　　　　　　　　　对话框　　　　　　　　颜色遮罩

4. 通用倒计时片头

执行"文件 > 新建 > 通用倒计时片头"命令，或者单击"项目"面板右下角的"新建项"按钮，在打开的下拉菜单中选择"通用倒计时片头"命令，如图 6-46 所示。弹出"新建通用倒计时片头"对话框，根据所导入的视频素材对相关选项进行设置，如图 6-47 所示。

图 6-46　选择"通用倒计时片头"命令　　图 6-47　"新建通用倒计时片头"对话框

单击"确定"按钮，弹出"通用倒计时设置"对话框，可以对倒计时片头的相关背景颜色、文字颜色和提示音选项进行设置，如图 6-48 所示。单击"确定"按钮，完成通用倒计时片头的创建，如图 6-49 所示。

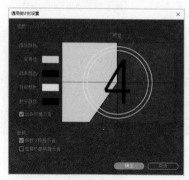

图 6-48　"通用倒计时设置"对话框　　　　图 6-49　"项目"面板中的通用倒计时片头

可以将所创建的通用倒计时片头素材拖入"时间轴"面板的视频轨道中，如图 6-50 所示，后面接其他视频素材。在"节目"监视器窗口中可以看到通用倒计时片头素材的效果，如图 6-51 所示。

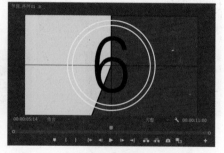

图 6-50　将通用倒计时片头素材拖入视频轨道中　　图 6-51　预览通用倒计时片头素材效果

> **提示**
>
> 在 Premiere 中除了可以创建黑场视频、彩条、颜色遮罩等元素，还可以创建调整图层、透明视频、字幕、脱机文件头等元素，创建方法与前面介绍的方法相似。

6.3 效果设置

Premiere 拥有强大的运动效果生成功能，通过简单的设置，可以使静态的素材画面产生运动效果。

6.3.1 "效果控件"面板

将素材拖入"时间轴"面板中的视频轨道后，选中素材，切换到"效果控件"面板，视频效果可以分为"运动""不透明度"和"时间重映射"3 个效果，展开效果，可以看到每个效果的设置选项，如图 6-52 所示。

图 6-52　"效果控件"面板

1. "运动"效果

位置：可以设置素材对象在屏幕中的坐标位置。

缩放：可以设置素材对象等比例缩放程度，如果取消选择"等比缩放"复选框，则该选项用于单独调整素材对象高度的缩放，宽度不变。

缩放宽度：默认为不可用状态，取消选择"等比缩放"复选框后，可以通过该选项调整素材对象宽度的缩放。

等比缩放：默认为选中状态，素材对象按照等比进行缩放。

旋转：可以设置素材对象在屏幕中的旋转角度。

锚点：可以设置对象的移动、缩放和旋转的锚点位置。

防闪烁滤镜：消除视频素材中的闪烁现象。

2. "不透明度"效果

创建蒙版工具：创建椭圆形、矩形和绘制不规则形状蒙版效果。

不透明度：设置素材对象的半透明效果。

混合模式：设置各素材之间的混合效果。

3. "时间重映射"效果

速度：可以对素材的播放进行变速处理。

提示

如果在"时间轴"面板中所选择的素材是一个包含音频的视频素材，那么在"效果控件"面板中还会显示"音频效果"选项，用于对音频效果进行设置。

6.3.2　制作分屏显示效果

认识了 Premiere 软件的工作界面，并且学习了 Premiere 的基本操作后，接下来通过一个简单的分屏显示视频效果的制作，使读者能够更加熟悉在 Premiere 软件中进行视频后期编辑处理的基本操作流程。

> **任务** 制作分屏显示视频效果
>
> 源文件：资源 \ 第 6 章 \6-3-2.prproj　视频：视频 \ 第 6 章 \ 制作分屏显示视频效果 .mp4

Step01 执行"文件 > 新建 >Project"命令，显示"导入"选项卡，设置项目文件的名称和位置，如图 6-53 所示。单击"创建"按钮，新建项目文件，切换到"编辑"选项卡。执行"文件 > 新建 > 序列"命令，弹出"新建序列"对话框，在预设列表框中选择"旧版 >AVCHD>720p"中的"AVCHD 720p30"选项，如图 6-54 所示。

Step02 切换到"轨道"选项卡中，只保留一个音频轨道，将其他音频轨道删除，如

图 6-55 所示。单击"确定"按钮，完成"新建序列"对话框的设置，在"项目"面板中可以看到新建的序列，如图 6-56 所示。

图 6-53　设置项目文件的名称和位置

图 6-54　设置"新建序列"对话框

图 6-55　只保留一个音频轨道

图 6-56　"项目"面板中的序列

Step 03 执行"文件 > 导入"命令，弹出"导入"对话框，同时选择需要导入的视频和音频素材，如图 6-57 所示。单击"打开"按钮，将选中的多个素材导入到"项目"面板中，如图 6-58 所示。

图 6-57　选择需要导入的素材

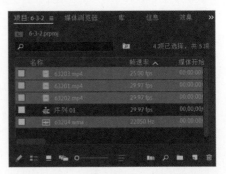

图 6-58　将素材导入"项目"面板

如果向 Premiere 中导入的是 .mov 格式的视频素材，需要在系统中安装 QuickTime，否则将无法导入 .mov 格式的视频素材。

Step 04 在"项目"面板中将"63201.mp4"拖曳到"时间轴"面板的 V1 轨道上，如图 6-59 所示。分别将"63202.mp4"和"63203.mp4"拖曳到"时间轴"面板的 V2 和 V3 轨道上，并对 V2 轨道中的视频素材时长进行调整，使 3 段视频素材的时长相同，如图 6-60 所示。

图 6-59　将视频素材拖入 V1 轨道　　　　图 6-60　拖入其他视频素材并调整

Step 05 选择 V3 轨道中的视频素材，在"效果控件"面板中设置其"缩放"属性值为 85%，并拖动"位置"属性值，如图 6-61 所示，调整 V3 轨道中的视频素材到视频窗口右下角的位置，如图 6-62 所示。

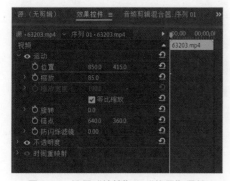

图 6-61　设置"缩放"和"位置"属性　　　　图 6-62　调整 V3 轨道视频素材的位置后的效果

Step 06 打开"效果"面板，在该面板的搜索框中输入"线性擦除"，搜索该效果，如图 6-63 所示。将搜索到的"线性擦除"视频效果拖动至"时间轴"面板的 V3 轨道中的视频素材上，为其应用该效果，如图 6-64 所示。

图 6-63　搜索视频效果　　　　图 6-64　为素材应用"线性擦除"效果

Step 07 在"效果控件"面板中对"线性擦除"效果的"过渡完成"和"擦除角度"选项进行设置,如图 6-65 所示。在"节目"监视器窗口中可以看到 V3 轨道中视频素材的效果,如图 6-66 所示。

图 6-65　设置"线性擦除"效果相关选项　　　图 6-66　V3 轨道视频素材效果

Step 08 选择 V2 轨道中的视频素材,在"效果控件"面板中设置其"缩放"属性值为 85%,并拖动"位置"属性值,如图 6-67 所示,调整 V2 轨道中的视频素材到视频窗口左下角的位置,如图 6-68 所示。

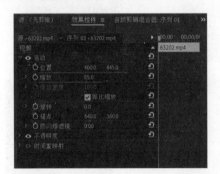

图 6-67　设置"缩放"和"位置"属性　　　图 6-68　调整 V2 轨道视频素材的位置后的效果

Step 09 在"效果"面板中将"线性擦除"效果拖动至"时间轴"面板的 V2 轨道中的视频素材上,为其应用该效果。在"效果控件"面板中对"线性擦除"效果的"过渡完成"和"擦除角度"选项进行设置,如图 6-69 所示。在"节目"监视器窗口中可以看到 V2 轨道中视频素材的效果,如图 6-70 所示。

图 6-69　设置"线性擦除"效果相关选项　　　图 6-70　V2 轨道视频素材效果

Step 10 在"时间轴"面板的 V3 轨道上单击鼠标右键，在弹出的快捷菜单中选择"添加单个轨道"命令，如图 6-71 所示，在 V3 轨道的上方添加 V4 轨道。使用"矩形工具"，在"节目"监视器窗口中绘制矩形，如图 6-72 所示。

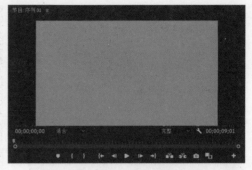

图 6-71　选择"添加单个轨道"命令　　　　　图 6-72　绘制一个矩形

Step 11 在"效果控件"面板中展开"形状（形状 01）"选项区，设置"填充"为无，并对"描边"选项进行设置，如图 6-73 所示。在"节目"监视器窗口中可以看到矩形边框的效果，如图 6-74 所示。

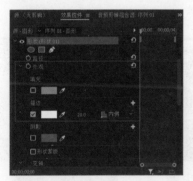

图 6-73　设置"填充"和"描边"选项　　　　　图 6-74　矩形边框的效果

Step 12 使用"矩形工具"，在"节目"监视器窗口中绘制矩形，如图 6-75 所示。在"效果控件"面板中展开"形状（形状 02）"选项区，对"变换"选项中的"旋转"属性进行设置，如图 6-76 所示。

图 6-75　绘制矩形　　　　　　　　　　图 6-76　设置"旋转"属性

Step 13 使用"选择工具",在"节目"监视器窗口中拖动调整刚绘制的矩形的位置,效果如图 6-77 所示。使用相同的制作方法,可以再绘制一个矩形,并对其"旋转"属性进行设置,调整到合适的位置,效果如图 6-78 所示。

图 6-77　调整矩形位置

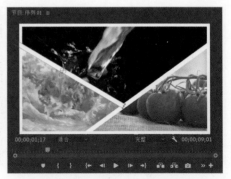

图 6-78　完成矩形边框的制作

Step 14 在"时间轴"面板中,对 V4 轨道中的边框图形的持续时长进行调整,将光标移至右侧并拖动鼠标,调整其持续时间与视频素材持续时间相同,如图 6-79 所示。在"项目"面板中将"63204.wma"音频素材拖入到 A1 轨道中,并调整其时长与其他视频轨道中的素材时长相同,如图 6-80 所示。

图 6-79　调整边框图形持续时长

图 6-80　拖入音频素材并调整时长

Step 15 至此,完成分屏显示视频效果的制作,在"节目"监视器窗口中单击"播放"按钮,预览视频效果,如图 6-81 所示。

图 6-81　预览分屏显示视频效果

6.4　输入并设置文字

字幕是短视频制作中一种非常重要的视觉元素，也是将短视频的相关信息传递给观众的重要方式。除了摄影师在具体拍摄时所形成的前期画面构图之外，随着高科技在影视后期制作中的普及运用，字幕都可以对其进行必要的补充、装饰、加工，以形成新的画画造型。同时，也给动画和字幕的制作提供了方便的制作工具和广阔的创作空间。

6.4.1　创建文字图形对象

单击"工具"面板中的"文字工具"按钮 **T**，在"节目"监视器窗口中合适的位置单击，显示红色的文字输入框，如图 6-82 所示，输入相应的文字内容即可。完成文字的输入后，可以使用"选择工具"拖动调整文字的位置，如图 6-83 所示。

图 6-82　文字输入框

图 6-83　拖动调整文字的位置

选择刚输入的文字，打开"效果控件"面板，展开"文本"选项区，可以对文字的相关属性进行设置，如图 6-84 所示。在"节目"监视器窗口中可以看到设置文字属性后的效果，如图 6-85 所示。

图 6-84　设置文字属性

图 6-85　文字效果

提示

除了可以在"效果控件"面板的"文本"选项区中对文字的相关属性进行设置，还可以执行"窗口 > 基本图形"命令，打开"基本图形"面板，在该面板中同样可以对文字的相关属性进行设置。

如果使用"垂直文字工具" **IT**，在"节目"监视器窗口中合适的位置单击并输入文字，则可以创建出竖排文字。

6.4.2 制作文字遮罩片头

在 Premiere 中除了可以输入静态的文字，还可以制作出简单的文字动画效果，特别适合制作一些短视频片头标题文字。本节将带领大家完成一个文字遮罩片头，主要是通过为素材应用"轨道遮罩键"视频效果，从而实现文字遮罩视频的显示特效。

任务 制作文字遮罩片头
源文件：资源 \ 第 6 章 \6-4-2.prproj   视频：视频 \ 第 6 章 \ 制作文字遮罩片头 .mp4

Step01 执行"文件 > 新建 >Project"命令，显示"导入"选项卡，设置项目文件的名称和位置，如图 6-86 所示。单击"创建"按钮，新建项目文件，切换到"编辑"选项卡。执行"文件 > 新建 > 序列"命令，弹出"新建序列"对话框，在预设列表框中选择"HD 1080p"中的"HD 1080p 23.97 fps"选项，如图 6-87 所示。

图 6-86　设置项目文件的名称和位置　　　图 6-87　设置"新建序列"对话框

Step02 切换到"轨道"选项卡中，只保留一个音频轨道，将其他音频轨道删除，如图 6-88 所示。单击"确定"按钮，完成"新建序列"对话框的设置，在"项目"面板中可以看到新建的序列，如图 6-89 所示。

Step03 执行"文件 > 导入"命令，弹出"导入"对话框，同时选择需要导入的视频和音频素材，如图 6-90 所示。单击"打开"按钮，将选中的多个素材导入到"项目"面板中，如图 6-91 所示。

Step04 将"64201.mp4"视频素材从"项目"面板拖入"时间轴"面板的 V1 轨道中，如图 6-92 所示。在"节目"监视器窗口中可以看到该视频素材的效果，如图 6-93 所示。

图 6-88　只保留一个音频轨道

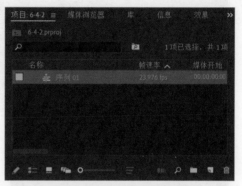

图 6-89　"项目"面板中的序列

图 6-90　选择需要导入的素材

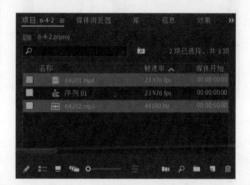

图 6-91　将素材导入"项目"面板

图 6-92　将视频素材拖入"时间轴"面板

图 6-93　查看视频素材效果

Step05 使用"文字工具"在"节目"监视器窗口中单击并输入相应的标题文字内容，如图 6-94 所示。打开"效果控件"面板，在"文本"选项区中对文字的相关属性进行设置，如图 6-95 所示。

Step06 在"节目"监视器窗口中可以看到文字的效果，如图 6-96 所示。执行"视频 > 参考线模板 > 安全边距"命令，在"节目"监视器窗口中显示安全边距参考线，调整文字的位置，如图 6-97 所示。

图 6-94　输入标题文字

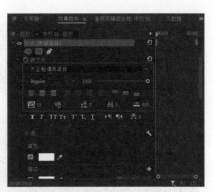

图 6-95　设置文字属性

图 6-96　"节目"监视器窗口中的文字效果

图 6-97　调整文字位置

Step07 在"时间轴"面板中选中刚创建的文字图形，将光标移至右侧并拖动鼠标，调整其持续时间与 V1 轨道中的视频素材持续时间相同，如图 6-98 所示。在"节目"监视器窗口中将标题文字水平向右移至合适的位置，如图 6-99 所示。

图 6-98　调整文字图形的持续时长

图 6-99　向右水平移动文字位置

Step08 确认时间指示器位于起始位置，打开"效果控件"面板，展开"文本"选项区下方的"变换"选项区，为"位置"属性插入关键帧，如图 6-100 所示。将时间指示器移至结束位置，在"节目"监视器窗口中将标题文字水平向左移至合适的位置，如图 6-101 示。

Step09 完成文字位置的移动后，在"效果控件"面板中的当前时间位置会自动添加文本的"位置"属性关键帧，如图 6-102 示。打开"效果"面板，展开"视频效果"中的"键控"效果组，拖动"轨道遮罩键"效果至 V1 轨道的视频素材上，如图 6-103 所示，为该素材应用"轨道遮罩键"效果。

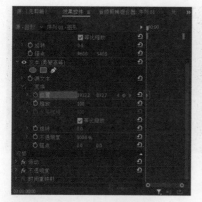

图 6-100　插入文本的"位置"属性关键帧

图 6-101　向左水平移动文字位置

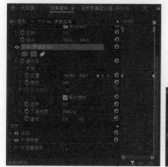

图 6-102　自动添加"位置"
属性关键帧

图 6-103　为视频素材应用"轨道遮罩键"效果

Step10 选择 V1 轨道中的视频素材，打开"效果控件"面板，设置"轨道遮罩"效果中的"遮罩"选项为"视频 2"，如图 6-104 所示。使用标题文字遮罩视频，在"节目"监视器窗口中可以看到文字遮罩的效果，如图 6-105 所示。

图 6-104　设置"遮罩"选项

图 6-105　文字遮罩的效果

Step11 在"项目"面板中将音频素材"64202.mp3"拖入"时间轴"面板中的 A1 轨道中，并调整音频素材时长与视频素材时长相同，如图 6-106 所示。执行"文件 > 导出 > 媒体"命令，切换到"导出"选项卡，参数设置如图 6-107 所示，单击"导出"按钮，导出视频文件。

图 6-106　拖入音频素材并调整时长　　　　　图 6-107　设置"导出"选项卡

Step 12 至此，完成文字遮罩片头的制作，在"节目"监视器窗口中单击"播放"按钮，预览视频效果，如图 6-108 所示。

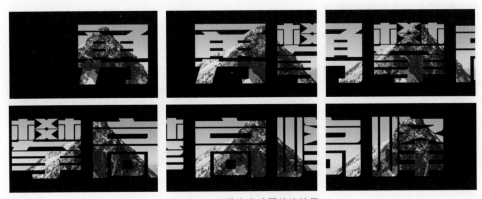

图 6-108　预览文字遮罩片头效果

6.5　应用视频效果

在使用 Premiere 编辑视频时，系统内置了许多视频效果，通过这些视频效果可以对原始素材进行调整，如调整画面的对比度、为画面添加粒子或者光照效果等，从而为视频作品增加艺术效果，为观众带来丰富多彩、精美绝伦的视觉盛宴。

6.5.1　添加视频效果

应用视频效果的方法非常简单，只需要将需要应用的视频效果拖动至"时间轴"面板的素材上，然后根据需要在"效果控件"面板中对该视频效果的参数进行设置，即可在"节目"监视器窗口中看到所应用的效果。

1. 为素材应用视频效果

打开"效果"面板，展开"视频效果"选项，在该选项中包含了"Obsolete""变换""图像控制""实用程序""扭曲""时间""杂色与颗粒""模糊与锐化""沉浸式视频""生成""视频""调整""过时""过渡""透视""通道""键控""颜色校正"和"风格化"共 19 个视频效果组，如图 6-109 所示。

如果需要为"时间轴"面板中的素材应用视频效果，可以直接将需要应用的视频效果拖动至"时间轴"面板的素材上，如图 6-110 所示。

图 6-109　"视频效果"　　　　　　图 6-110　拖动视频效果至"时间轴"面板的素材上应用
选项中的视频效果组

为素材应用视频效果后，会自动显示"效果控件"面板，在该面板中可以对所应用的视频效果的参数进行设置，如图 6-111 所示。完成视频效果参数的设置后，在"节目"监视器窗口中可以看到应用该视频效果所实现的效果，如图 6-112 所示。对视频效果参数进行不同的设置，能够产生不同的效果。

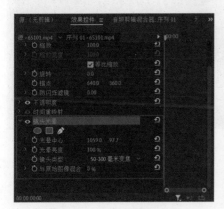 

图 6-111　设置视频效果参数　　　　　　图 6-112　应用"镜头光晕"视频效果后的画面效果

2. 添加视频效果的顺序

在使用 Premiere 的视频效果调整素材时，有时候一个视频效果即可达到调整的目的，但很多时候需要为素材添加多个视频效果。在 Premiere 中，系统按照素材在"效果控件"面板中的视频效果从上至下的顺序进行应用，如果为素材应用了多个视频效果，需要注意视频效果在"效果控件"面板中的排列顺序，视频效果顺序不同，所产生的效果也会有所不同。

例如，为素材同时应用了"颜色平衡"和"色彩"视频效果，如图 6-113 所示。在"节目"监视频器窗口中可以看到素材调整的效果，如图 6-114 所示。

在"效果控件"面板中选中"颜色平衡"视频效果，将其拖曳至"色彩"视频效果的下方，调整应用顺序，如图 6-115 所示。在"节目"监视频器窗口中可以看到素材的效果明显与刚刚不同，如图 6-116 所示。

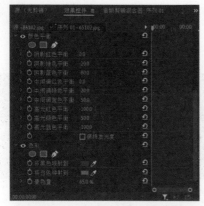

图 6-113　同时应用两个视频效果

图 6-114　查看应用视频效果后的画面效果

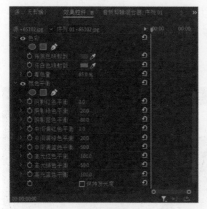

图 6-115　调整视频效果的应用顺序

图 6-116　查看得到的效果

6.5.2　编辑视频效果

为素材应用视频效果后，用户还可以对视频效果进行编辑。可以通过隐藏视频效果来观察应用视频效果前后的效果变化，如果对所应用的视频效果不满意，也可以将其删除。

1. 隐藏视频效果

在"时间轴"面板中选择应用了视频效果的素材，打开"效果控件"面板，单击需要隐藏的视频效果名称左侧的"切换效果开关"图标，如图 6-117 所示，即可将该视频效果隐藏，再次单击该图标，即可恢复该视频效果的显示。

2. 删除视频效果

如果需要删除所应用的视频效果，可以在"效果控件"面板的视频效果名称上单击鼠标右键，在弹出的快捷菜单中选择"清除"命令，如图 6-118 所示，即可将该视频效果删除。或者在"效果控件"面板中选择需要删除的视频效果，按键盘上的【Delete】键，同样可以删除选中的视频效果。

图 6-117　隐藏视频效果

图 6-118　清除视频效果

6.5.3　认识常用的视频效果组

Premiere 中内置的视频效果非常多，而有些视频效果是用户在短视频编辑处理过程中很少能够用到的，这里选取一些常用的视频效果组向读者进行简单介绍。

1. "变换" 视频效果组

"变换" 视频效果组中的视频效果主要用于实现素材画面的变换操作，在该效果组中包含 "垂直翻转" "水平翻转" "羽化边缘" "自动重构" 和 "裁剪" 5 个视频效果。

图 6-119 所示为应用 "水平翻转" 视频效果后的画面效果，图 6-120 所示为应用 "裁剪" 视频效果后的画面效果。

图 6-119　应用 "水平翻转" 视频效果

图 6-120　应用 "裁剪" 视频效果

2. "扭曲" 视频效果组

"扭曲" 视频效果组中的视频效果主要是通过对素材进行几何扭曲变形来制作出各种各样的画面变形效果。在该效果组中包含 "偏移" "变形稳定器" "变换" "放大" "旋转扭曲" "果冻效应修复" "波形变形" "湍流置换" "球面化" "边角定位" "镜像" 和 "镜头扭曲" 12 个视频效果。

图 6-121 所示为应用 "边角定位" 视频效果后的画面效果，图 6-122 所示为应用 "镜像" 视频效果后的画面效果。

3. "模糊与锐化" 视频效果组

"模糊与锐化" 视频效果组中的视频效果主要用于柔化或者锐化素材画面，不仅可以柔化边缘过于清晰或者对比度过强的画面区域，还可以将原来并不太清晰的画面进行锐化处理，使其表现更清晰。在该效果组中包含"减少交错闪烁""方向模糊""相机模糊""钝化蒙版""锐化"和"高斯模糊"6个视频效果。

图 6-121　应用"边角"定位视频效果

图 6-122　应用"镜像"视频效果

图 6-123 所示为应用"相机模糊"视频效果后的画面效果，图 6-124 所示为应用"锐化"视频效果后的画面效果。

图 6-123　应用"相机模糊"视频效果

图 6-124　应用"锐化"视频效果

4. "生成"视频效果组

"生成"视频效果组中的视频效果主要用于实现一些素材画面的滤镜效果，使画面的表现效果更加生动。在该效果组中包含"四色渐变""渐变""镜头光晕"和"闪电"4个视频效果。

图 6-125 所示为应用"四色渐变"视频效果后的画面效果，图 6-126 所示为应用"镜头光晕"视频效果后的画面效果。

图 6-125　应用"四色渐变"视频效果

图 6-126　应用"镜头光晕"视频效果

5. "键控"视频效果组

在"键控"效果组中为用户提供了多种不同功能的抠像视频效果，通过使用这些视频效果可以方便地实现抠像处理。在"键控"效果组中包含"Alpha 调整""亮度键""超级键""轨道遮罩键"和"颜色键"5 个视频效果。

图 6-127 所示为绿幕素材的效果，图 6-128 所示为应用"超级键"效果抠除绿幕背景的效果。

图 6-127　绿幕素材效果　　　　　　图 6-128　应用"超级键"效果抠除绿幕背景效果

提示

影视后期制作中的抠像，也就是蓝屏和绿屏技术，一直被运用在影视特效中，其原理就是利用蓝屏和绿屏的背景色和人物主体的颜色差异，首先让演员在蓝屏或者绿屏面前表演；然后利用抠像技术，将人物从纯色的背景中剥离出来；最后将他们与复杂情况下需要表现的场景结合在一起。

6. "颜色校正"视频效果组

"颜色校正"视频效果组中的视频效果主要用于对素材画面的色彩进行调整，包括色彩的亮度、对比度、色相等，从而校正素材的色彩效果。在该效果组中包含"ASC CDL""Brightness & Contrast""Lumetri 颜色""色彩""视频限制器"和"颜色平衡"6 个视觉效果。

图 6-129 所示为应用"色彩"视频效果后的画面效果，图 6-130 所示为应用"颜色平衡"视频效果后的画面效果。

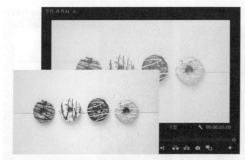

图 6-129　应用"色彩"视频效果　　　　　图 6-130　应用"颜色平衡"视频效果

7. "风格化"视频效果组

"风格化"视频效果组中的视频效果主要用于创建一些风格化的画面效果，在该效果组中包含"Alpha 发光""复制""彩色浮雕""查找边缘""画笔描边""粗糙边缘""色调分离""闪光灯"和"马赛克"9 个视频效果。

图 6-131 所示为应用"粗糙边缘"视频效果后的画面效果，图 6-132 所示为应用"复制"视频效果后的面画效果。

图 6-131　应用"粗糙边缘"视频效果

图 6-132　应用"复制"视频效果

6.5.4　为视频局部添加马赛克

在 Premiere 中，可以直接使用功能强大的蒙版与跟踪工作流。蒙版能够在剪辑中定义需要模糊、覆盖、高光显示、应用效果或校正颜色的特定区域。可以创建和修改不同形状的蒙版，如椭圆形或矩形，或者使用"钢笔工具"绘制自由形式的贝塞尔曲线形状。

本节将通过一个案例讲解将视频效果与蒙版相结合，实现为视频局部添加马赛克的效果。

任务　为视频局部添加马赛克

源文件：资源＼第 6 章＼6-5-4.prproj　视频：视频＼第 6 章＼为视频局部添加马赛克 .mp4

Step01 执行"文件 > 新建 >Project"命令，显示"导入"选项卡，设置项目文件的名称和位置，如图 6-133 所示。单击"创建"按钮，新建项目文件，切换到"编辑"选项卡。执行"文件 > 新建 > 序列"命令，弹出"新建序列"对话框，在预设列表框中选择"HD 1080p"中的"HD 1080p 25fps"选项，如图 6-134 所示。单击"确定"按钮，新建序列。

图 6-133　设置项目文件的名称和位置

图 6-134　设置"新建序列"对话框

Step02 将视频素材"65401.mp4"导入到"项目"面板中，如图 6-135 所示。将"项目"面板中的"65401.mp4"视频素材拖入"时间轴"面板的 V1 轨道中，在"节目"监视器窗口中可以看到该视频素材的效果，如图 6-136 所示。

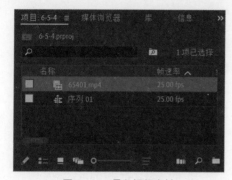

图 6-135　导入视频素材　　　　　　　　　　图 6-136　查看视频素材效果

Step03 选择 V1 轨道中的视频素材，打开"效果"面板，展开"视频效果"选项中的"风格化"选项组，将"马赛克"视频效果拖曳至 V1 轨道的视频素材上，如图 6-137 所示。为其应用该视频效果，打开"效果控件"面板，对"马赛克"视频效果的相关参数进行设置，如图 6-138 所示。

图 6-137　应用"马赛克"视频效果　　　　　图 6-138　设置"马赛克"参数

Step04 完成"马赛克"视频效果参数的设置后，在"节目"监视器窗口中可以看到应用"马赛克"视频效果后的画面效果，如图 6-139 所示。在"效果控件"面板中单击所应用的"马赛克"视频效果选项下方的"创建椭圆形蒙版"按钮◉，自动为当前素材添加椭圆形蒙版路径，如图 6-140 所示。

图 6-139　应用"马赛克"视频效果后的画面效果　　　图 6-140　添加椭圆形蒙版

Step 05 在"节目"监视器窗口中，将光标移至椭圆形蒙版路径的内容上单击并拖动，可以调整蒙版路径的位置，如图 6-141 所示。单击并拖动蒙版路径上的控制点，可以调整蒙版路径的大小和形状，如图 6-142 所示。

图 6-141　移动蒙版路径位置

图 6-142　调整蒙版路径的大小和形状

Step 06 在"效果控件"面板的"马赛克"视频效果选项的下方会自动添加蒙版相关的设置选项，单击"蒙版路径"选项右侧的"向前跟踪所选蒙版"按钮，如图 6-143 所示。系统自动播放视频素材并进行蒙版路径的跟踪处理，显示跟踪进度，如图 6-144 所示。

图 6-143　单击"向前跟踪所选蒙版"按钮

图 6-144　显示跟踪进度

Step 07 完成蒙版路径的跟踪处理后，即可完成视频局部马赛克的添加，在"节目"监视器窗口中单击"播放"按钮，预览视频效果，如图 6-145 所示。

图 6-145　预览视频效果

提示

完成蒙版路径的自动跟踪处理后，可以拖动时间指示器来观察蒙版路径的位置是否正确，如果局部不正确，可以对局部的蒙版路径进行手动调整。

6.6　应用视频过渡效果

在 Premiere 中，用户可以利用视频过渡效果在视频素材或图像素材之间创建出丰富多彩的转场过渡特效，使素材剪辑在视频中出现或消失，从而使素材之间的切换变得更加平滑、流畅。

6.6.1　添加视频过渡效果

对于视频的后期编辑处理来说，合理地为素材添加一些视频过渡效果，可以使两个或多个原本不相关联的素材在过渡时能够更加平滑、流畅，使编辑画面更加生动和谐，也能够大大提高视频剪辑的效率。

如果需要为"时间轴"面板中两个相邻的素材添加视频过渡效果，可以在"效果"面板中展开"视频过渡"选项，如图 6-146 所示。在相应的过渡效果中选择需要添加的视频过渡效果，按住鼠标左键并拖曳至"时间轴"面板的两个目标素材之间即可，如图 6-147 所示。

图 6-146　"视频过渡"选项　　　　图 6-147　将需要应用的过渡效果拖动至两个目标素材之间

6.6.2　编辑视频过渡效果

将视频过渡效果添加到两个素材之间的连接处后，在"时间轴"面板中选择刚添加的视频过渡效果，如图 6-148 所示。即可在"视频控件"面板中设置所选中的视频过渡效果的参数，如图 6-149 所示。

1. 设置持续时间

在"效果控件"面板中，可以通过设置"持续时间"选项，来控制视频过渡效果的持续时间。数值越大，视频过渡持续时间越长，反之则持续时间越短。图 6-150 所示为修改"持续时间"选项，图 6-151 所示为过渡效果在"时间轴"面板上的表现效果。

2. 编辑过渡效果方向

不同的视频过渡效果具有不同的过渡方向设置，在"效果控件"面板的效果方向示意图四周提供了多个三角形箭头，单击相应的三角形箭头，即可设置该视频过渡效果的方向。例如，单击"自西北向东南"三角形箭头，如图 6-152 所示，即可在"节目"监视器窗口中看到改变方向后的视频过渡效果，如图 6-153 所示。

图 6-148　选择视频过渡效果

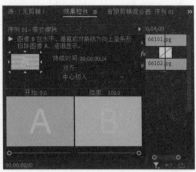

图 6-149　"效果控件"面板中的设置选项

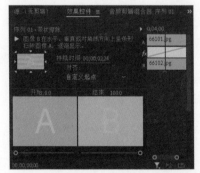

图 6-150　修改"持续时间"选项

图 6-151　过渡效果在"时间轴"面板上的表现

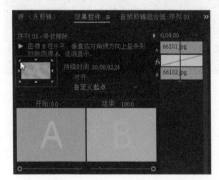

图 6-152　单击方向三角形箭头

图 6-153　"节目"监视器窗口效果

3. 编辑对齐参数

在"效果控件"面板中，"对齐"选项用于控制视频过渡效果的切割对齐方式，包括"中心切入""起点切入""终点切入"和"自定义起点"4 种方式。

中心切入：设置"对齐"选项为"中心切入"，视频过渡效果位于两个素材的中心位置，如图 6-154 所示。

起点切入：设置"对齐"选项为"起点切入"，视频过渡效果位于第 2 个素材的起始位置，如图 6-155 所示。

图 6-154　"中心切入"效果　　　　　　　　图 6-155　"起点切入"效果

终点切入：设置"对齐"选项为"终点切入"，视频过渡效果位于第 1 个素材的结束位置，如图 6-156 所示。

自定义起点：在"时间轴"面板中还可以通过单击并拖动鼠标的方式，调整所添加的视频过渡效果的位置，从而自定义视频过渡效果的起点位置，如图 6-157 所示。

图 6-156　"终点切入"效果　　　　　　　　图 6-157　拖动调整起点位置

4. 设置开始、结束位置

在视频过渡效果预览区域的顶部，有两个控制视频过渡效果开始、结束的选项。

开始：该选项用于设置视频过渡效果的开始位置，默认值为 0，表示过渡效果将从整个视频过渡过程的开始位置开始视频过渡。如果将"开始"选项设置为 20，如图 6-158 所示，则表示视频过渡效果以整个视频过渡效果的 20% 的位置开始过渡。

结束：该选项用于设置视频过渡效果的结束位置，默认值为 100，表示过渡效果将从整个视频过渡过程的结束位置结束视频过渡。如果将"结束"选项设置为 85，如图 6-159 所示，则表示视频过渡效果以整个视频过渡效果的 85% 的位置结束过渡。

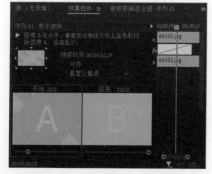 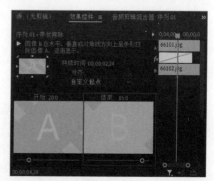

图 6-158　设置过渡效果开始位置　　　　　　图 6-159　设置过渡效果结束位置

5. 显示素材实际效果

在"效果控件"面板中，视频过渡的预览区域分别以 A 和 B 进行表示，如果需要在"效果控件"面板的视频过渡预览区域中显示素材的实际过渡效果，可以选择"显示实际源"复选框，即可在视频过渡预览区域中显示素材的实际过渡效果。

> **提示**
>
> 有一些视频过渡效果，在过渡过程中可以设置边框的效果，在"效果控件"面板中提供了边框设置选项，如"边框宽度""边框颜色"等，用户可以根据需要进行设置。

6.6.3　认识视频过渡效果

作为一款优秀的视频后期编辑软件，Premiere 内置了许多视频过渡效果供用户使用，熟练并恰当地运用这些效果可以使视频素材之间的衔接转场更加自然流畅，并且能够增加视频的艺术性。下面对 Premiere 内置的视频过渡效果进行简单介绍。

1. "内滑"效果组

"内滑"效果组中的视频过渡效果主要是通过运动画面的方式完成场景的切换，在该效果组中包含"Center Split""Split""内滑""带状内滑""急摇"和"推"6 个视频过渡效果。

图 6-160 所示为应用"Split"过渡效果后的画面效果，图 6-161 所示为应用"带状内滑"过渡效果后的画面效果。

图 6-160　"Split"过渡效果　　　　　图 6-161　"带状内滑"过渡效果

2. "划像"效果组

"划像"效果组中的视频过渡效果是通过分割画面来完成素材的切换的，在该效果组中包含"交叉划像""圆划像""盒形划像"和"菱形划像"4 个视频过渡效果。

图 6-162 所示为应用"交叉划像"过渡效果后的画面效果，图 6-163 所示为应用"菱形划像"过渡效果后的画面效果。

3. "擦除"效果组

"擦除"效果组中的视频过渡效果主要是以各种方式将素材擦除来完成场景的切换。在该效果组中包含"Inset""划出""双侧平推门""带状擦除""径向擦除""时钟式擦除""棋盘""棋盘擦除""楔形擦除""水波块""油漆飞溅""百叶窗""螺旋框""随机块""随机擦除"和"风车"16 个视频过渡效果。

图 6-162　"交叉划像"过渡效果

图 6-163　"菱形划像"过渡效果

图 6-164 所示为应用"油漆飞溅"过渡效果后的画面效果，图 6-165 所示为应用"风车"过渡效果后的画面效果。

图 6-164　"油漆飞溅"过渡效果

图 6-165　"风车"过渡效果

提示

"沉浸式视频"效果组中所提供的视频过渡效果都是针对 VR 视频的处理效果，在这里不作过多介绍。

4. "溶解"效果组

"溶解"效果组中的视频过渡效果主要是以淡化、渗透等方式产生过渡效果，包括"MorphCut""交叉溶解""叠加溶解""白场过渡""胶片溶解""非叠加溶解"和"黑场过渡"7 个视频过渡效果。

图 6-166 所示为应用"白场过渡"过渡效果后的画面效果，图 6-167 所示为应用"胶片溶解"过渡效果后的画面效果。

图 6-166　"白场溶解"过渡效果

图 6-167　"胶片溶解"过渡效果

5. "缩放"效果组

"缩放"效果组中的视频过渡效果主要是通过对素材进行缩放来完成场景的切换，在该效果组中只包含了一个"交叉缩放"效果。图 6-168 所示为应用"交叉缩放"过渡效果后的画面效果。

6. "页面剥落"效果组

"页面剥落"效果组中的视频过渡效果主要是使第 1 段素材以各种卷页动作形式消失，最终显示出第 2 段素材，在该效果组中包含"翻页"和"页面剥落"两个视频过渡效果。图 6-169 所示为应用"翻页"过渡效果后的画面效果。

图 6-168　"交叉缩放"过渡效果

图 6-169　"翻页"过渡效果

6.6.4　视频过渡效果插件

除了可以使用 Premiere 中提供了内置视频过渡效果，还可以使用外部的视频过渡效果插件，从而轻松实现更加丰富的视频过渡转场效果。本节以 FilmImpact 插件为例，讲解插件的安装和使用方法。

打开 FilmImpact 插件文件夹，双击该插件的安装程序文件 Transition Packs V3.5.4.exe，如图 6-170 所示。弹出 FilmImpact 插件安装提示对话框，如图 6-171 所示，单击默认的安装按钮，即可进行插件的安装。

图 6-170　双击插件安装程序图标

图 6-171　插件安装提示对话框

完成插件的安装后，重新启动 Premiere 软件，在"效果"面板中可以看到 FilmImpact 插件所提供的多种不同类型的视频过渡效果，如图 6-172 所示。展开 FlimImpact.net TP2 选项组，将 Impact Wipe 视频过渡效果拖曳至 V1 轨道中两个素材之间，如图 6-173 所示。

图 6-172　FlimImpact 插件
　　　中的视频过渡效果

图 6-173　拖曳相应的效果至两个素材之间

　　如果需要设置视频过渡效果的持续时间，只需要单击素材之间的过渡效果，在"效果控件"面板中设置"持续时间"选项即可，如图 6-174 所示。在"时间轴"面板中拖动时间指示器，可以在"节目"监视器窗口中预览所添加的视频过渡效果，如图 6-175 所示。

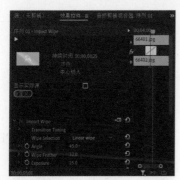

图 6-174　设置"持续时间"选项

图 6-175　预览视频过渡效果

　　Premiere 软件的视频过渡效果插件非常丰富，除了此处所使用的 FilmImpact 插件，还有许多其他的效果插件，感兴趣的读者可以在网上查找并安装使用。

6.6.5　制作体育运动宣传短视频

　　视频过渡效果对于不同镜头素材的组接具有非常重要的作用，能够使镜头之间的切换更加流畅、自然。本节将制作一个体育运动宣传短视频，在该短视频的制作过程中，主要是通过体育运动视频集锦的方式来展现体育运动的魅力。在这些运动视频素材片段之间添加富有动感的视频过渡转场效果，使得每段运动视频片段的过程都非常流畅和自然。

任务　制作体育运动宣传短视频
　　源文件：资源 \ 第 6 章 \6-6-5.prproj　　视频：视频 \ 第 6 章 \ 制作体育运动宣传短视频 .mp4

Step01 执行"文件 > 新建 >Project"命令，显示"导入"选项卡，设置项目文件的名称和位置，如图 6-176 所示。单击"创建"按钮，新建项目文件，切换到"编辑"选项卡。执行"文件 > 新建 > 序列"命令，弹出"新建序列"对话框，在预设列表框中选择"HD 1080p"中的"HD 1080p 23.97fps"选项，如图 6-177 所示。

图 6-176　设置项目文件的名称和位置

图 6-177　设置"新建序列"对话框

Step 02 切换到"轨道"选项卡中，只保留一个音频轨道，将其他音频轨道删除，如图 6-178 所示。单击"确定"按钮，新建序列。执行"文件 > 导入"命令，弹出"导入"对话框，同时选择需要导入的"66501.mp4"和"66502.mp4"视频素材，如图 6-179 所示。

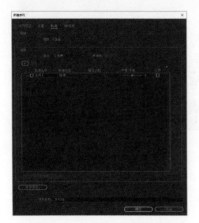

图 6-178　只保留一个音频轨道

图 6-179　选择需要导入的素材

Step 03 单击"打开"按钮，将选中的素材导入到"项目"面板中，如图 6-180 所示。将"项目"面板中的"66501.mp4"视频素材拖入"时间轴"面板的 V1 轨道上，在"节目"监视器窗口中可以看到视频素材的效果，如图 6-181 所示。

图 6-180　将素材导入"项目"面板

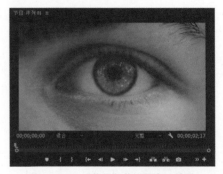

图 6-181　"节目"监视器窗口效果

> **提示** ··

　　如果所导入的视频素材的帧速率或分辨率与所创建序列设置的帧速度和分辨率不同，将视频素材拖入"时间轴"面板时会弹出"剪辑不匹配警告"对话框。单击"保持现有设置"按钮，可以自动调整视频素材与序列的设置相匹配；单击"更改序列设置"按钮，则可以自动调整序列设置与视频素材相匹配，默认单击"保持现有设置"按钮。

Step 04 将时间指示器移至 2 秒 12 帧位置，选择 V1 轨道中的视频素材，执行"编辑 > 视频选项 > 添加帧定格"命令，在时间指示器位置将该视频素材分割为两部分，如图 6-182 所示。选择分割后的右侧部分视频素材，将其拖至 V2 轨道中，并通过拖动其右侧，将其持续时间调整得长一些，如图 6-183 所示。

图 6-182　添加帧定格后的效果　　　　　图 6-183　将帧定格素材移至 V2 轨道并拉长持续时间

> **提示** ··

　　"添加帧定格"命令主要用来将某一帧画面静止。此处在 2 秒 12 帧位置执行了"添加帧定格"命令，则 2 秒 12 帧之前的视频依然为原先的视频素材，而 2 秒 12 帧之后则始终保持 2 秒 12 帧的静止画面不变。

Step 05 选择 V2 轨道上的素材，执行"剪辑 > 嵌套"命令，弹出"嵌套序列名称"对话框，参数设置如图 6-184 所示，单击"确定"按钮。确认时间指示器位于 2 秒 12 帧位置，选择 V2 轨道中的素材，打开"效果控件"面板，分别单击"位置""缩放""旋转"和"锚点"属性前的"切换动画"按钮 ⏱，插入这几个属性关键帧，如图 6-185 所示。

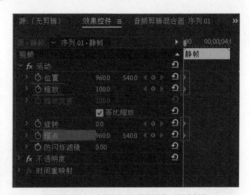

图 6-184　"嵌套序列名称"对话框　　　　图 6-185　为相应的属性插入关键帧

Step 06 在"效果控件"面板中选择"锚点"属性，在"节目"监视器窗口中拖动调整锚点至眼球的中心位置，如图 6-186 所示。将时间指示器移至 3 秒位置，在"效果控件"面板中分别单击"位置""缩放""旋转"和"锚点"属性右侧的"添加/移除关键帧"按钮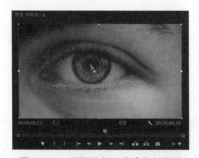，手动添加属性关键帧，并且对"位置"和"缩放"属性值进行调整，如图 6-187 所示，使眼球基本位于画面的中心并充满整个画面。

图 6-186　调整锚点至眼球中心位置

图 6-187　添加关键帧并设置属性值

Step 07 单击"效果控件"面板中的"不透明度"选项区下方的"自由绘制贝赛尔曲线"按钮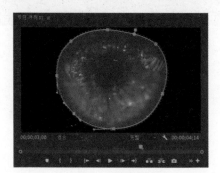，在"节目"监视器窗口中的眼球部分绘制蒙版图形，如图 6-188 所示。在"效果控件"面板中对"蒙版 1"选项区中的相关选项进行设置，如图 6-189 所示。

图 6-188　绘制蒙版图形

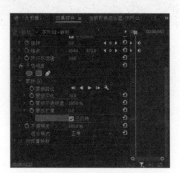

图 6-189　设置蒙版选项

Step 08 在"节目"监视器窗口中可以看到反转后的蒙版效果，黑色部分为显示下一个视频素材的区域，如图 6-190 所示。在"项目"面板中将"66502.mp4"视频素材拖至 V1 视频轨的"66501.mp4"素材之后，在"节目"监视器窗口中可以看到蒙版效果，如图 6-191 所示。

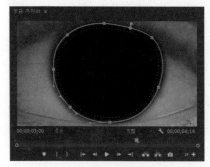

图 6-190　反转后的蒙版效果

图 6-191　添加视频素材后的蒙版效果

Step09 将时间指示器移至 3 秒位置，在"效果控件"面板中设置"旋转"为 90°，设置"缩放"属性值为 800，如图 6-192 所示。使得在"节目"监视器窗口中看不到眼睛的素材，完全显示眼睛下方的视频素材，如图 6-193 所示。

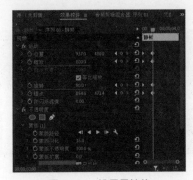

图 6-192　设置属性值

图 6-193　完全显示眼睛下方的视频素材

Step10 在"效果控件"面板中框选所有的关键帧，在任意关键帧上单击鼠标右键，在弹出快捷菜单中选择"临时插值 > 贝赛尔曲线"命令，如图 6-194 所示。单击"缩放"属性左侧的箭头图标，展开该属性的贝赛尔曲线，调整该属性的运动速度曲线，如图 6-195 所示，使得眼睛放大的运动过程先快后慢，更加自然。

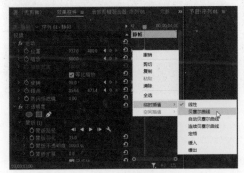

图 6-194　选择"贝赛尔曲线"命令

图 6-195　调整"缩放"属性的运动速度曲线

Step11 按住【Alt】键不放拖动 V2 轨道中的"静帧"素材至 V3 轨道中，复制该素材，如图 6-196 所示。选择 V3 轨道中的"静帧"素材，在"效果控件"面板中选择"蒙版"选项，按【Delete】键将其删除，并且删除"旋转"属性的关键帧，使用"剃刀工具"，在 V3 轨道中素材的 3 秒位置单击，分割素材，如图 6-197 所示。

图 6-196　复制素材至 V3 轨道中

图 6-197　删除不需要的属性并分割素材

Step 12 选择分割后的右半部分素材，按【Delete】键将其删除，将 V3 轨道中的素材拖动至 V1 轨道的两个素材之间，如图 6-198 所示。在 V1 轨道中的"静帧"素材与"66502.mp4"素材之间单击鼠标右键，在弹出的快捷菜单中选择"应用默认过渡"命令，如图 6-199 所示。

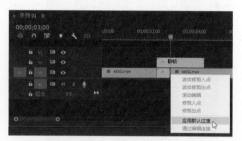

图 6-198　调整素材至 V1 轨道的两个素材之间　　　图 6-199　选择"应用默认过渡"命令

Step 13 在两个素材之间应用默认的视频过渡效果，如图 6-200 所示。选择两个素材之间应用的过渡效果，单击并拖动该过渡效果的左侧，使其持续时间从"静帧"素材的起始位置开始，如图 6-201 所示。

图 6-200　应用默认的视频过渡效果　　　图 6-201　调整过渡效果的持续时间

> **提示**
>
> 　　此处在 V1 轨道中的两个素材之间添加眼睛放大的素材动画，并且在两个素材之间添加视频过渡效果，是为了瞳孔蒙版的转场过渡效果表现更加自然，不至于太生硬。

Step 14 双击"项目"面板的空白位置，弹出"导入"对话框，同时将多段运动视频素材导入到"项目"面板中，如图 6-202 所示。将"项目"面板中的"66503.mp4"视频素材拖入"时间轴"面板的 V1 轨道中的"66502.mp4"素材之后，如图 6-203 所示。

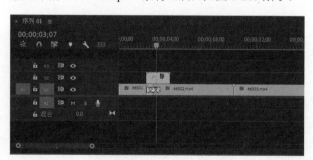

图 6-202　导入多段视频素材　　　图 6-203　将素材拖入 V1 轨道中

Step 15 选择 V1 轨道中的 "66503.mp4" 视频素材，执行 "剪辑 > 速度 / 持续时间" 命令，弹出 "剪辑速度 / 持续时间" 对话框，设置 "速度" 为 200%，如图 6-204 所示，单击 "确定" 按钮。使用相同的制作方法，顺序将其他视频素材添加到 "时间轴" 面板的 V1 轨道中，并分别对视频的速度进行处理，效果如图 6-205 所示。

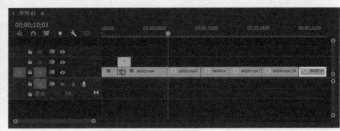

图 6-204　设置 "速度" 选项　　　　　　　图 6-205　拖入其他视频素材并分别进行处理

Step 16 打开 "效果" 面板中的 "视频过渡" 选项组，展开 FlimImpact.net TP2 选项组，将 Impact Radial Blur 视频过渡效果拖曳至 V1 轨道中 "66502.mp4" 与 "66503.mp4" 这两个素材之间，如图 6-206 所示。

图 6-206　拖曳相应的效果至两个素材之间

Step 17 如果需要设置视频过渡效果的持续时间，只需要单击素材之间的过渡效果，在 "效果控件" 面板中设置 "持续时间" 选项即可，如图 6-207 所示。在 "时间轴" 面板中拖动时间指示器，可以在 "节目" 监视器窗口中预览所添加的视频过渡效果，如图 6-208 所示。

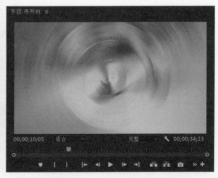

图 6-207　设置 "持续时间" 选项　　　　　　　图 6-208　预览视频过渡效果

Step18 使用相同的操作方法，可以在 V1 轨道的其他素材之间添加相应的视频过渡效果，如图 6-209 所示。

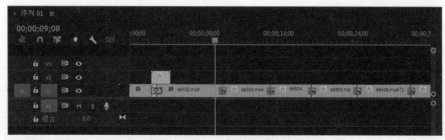

图 6-209　为其他素材之间添加视频过渡效果

Step19 将时间指示器移至 3 秒 20 帧位置，单击工具栏中的"文字工具"，在"节目"监视器窗口中单击并输入标题文字，在"效果控件"面板的"文本"选项区中对文字的相关属性进行设置，如图 6-210 所示。使用"选择工具"，在"节目"监视器窗口中调整标题文字到合适位置，如图 6-211 所示。

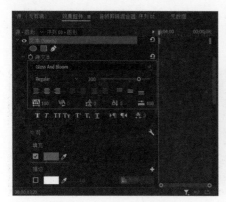

图 6-210　设置文字相关属性

图 6-211　调整标题文字的位置

Step20 选择 V3 轨道中的文字素材，执行"剪辑 > 嵌套"命令，弹出"嵌套序列名称"对话框，参数设置如图 6-212 所示。单击"确定"按钮，将其创建为嵌套序列，如图 6-213 所示。

图 6-212　"嵌套序列名称"对话框

图 6-213　创建为嵌套序列

Step21 在"效果"面板的搜索栏中输入"书写"，快速找到"书写"效果，如图 6-214 所示。将"书写"效果拖入 V3 轨道中的标题文字素材上，为其应用该效果，在"效果控件"面板的"书写"效果选项区中选择"画笔位置"属性，如图 6-215 所示。

图 6-214　快速找到"书写"效果

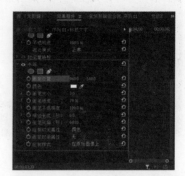

图 6-215　选择"画笔位置"属性

Step22 在"节目"监视器窗口中调整画笔位置至文字书写的起始位置，如图 6-216 所示。在"效果控件"面板中设置"画笔大小"为 30，"画笔间隔"为 0.001。为了能够看清画笔，可以修改画笔为任意一种颜色，如图 6-217 所示。

图 6-216　调整画笔位置

图 6-217　设置笔触大小和画笔颜色

Step23 在"效果控件"面板中单击"画笔位置"属性前的"切换动画"按钮，插入该属性关键帧，如图 6-218 所示。按键盘上的右方向键，将时间指示器向后移动一帧，在"节目"监视器窗口中按照文字书写的方向拖动笔触，如图 6-219 所示。

Step24 继续按键盘上的右方向键，将时间指示器向后移动一帧，在"节目"监视器窗口中按照文字书写的方向拖动笔触，如图 6-220 所示。使用相同的操作方法，每向后移动一帧，则沿着文字书写的方向调整笔触，覆盖相应的文字笔画，如图 6-221 所示。

图 6-218　插入"画笔位置"属性关键帧

图 6-219　移动笔触位置

图 6-220　再次移动笔触位置

图 6-221　每向后移动一帧调整一次笔触位置

在"效果控件"面板中设置"画笔大小"选项时，注意观察"节目"监视器窗口中的笔触大小效果，要求笔触能够完全覆盖文字的笔画即可。在每一帧调整笔触时，需要能够沿着文字正确的书写方向进行调整，并且间隔不要太大，这样才能够保证最终表现出正确的文字书写顺序，并且书写流畅。

Step25 使用相同的操作方法，继续完成其他文字的书写操作，如图 6-222 所示。在"效果控件"面板的"书写"效果选项区中设置"绘制样式"属性为"显示原始图像"，在"节目"监视器窗口中可以看到显示原始文字的效果，如图 6-223 所示。

图 6-222　完成其他文字的书写操作

图 6-223　设置"绘制样式"属性后的效果

在"效果控件"面板中将"绘画样式"选项设置为"显示原始图像"，是因为需要通过该效果来制作原始文字的手写动画效果，而这里所设置的画笔只相当于文字笔画的遮罩。

Step26 将时间指示器移至 8 秒位置，选择 V3 轨道中的"标题文字"素材，在"效果控件"面板中分别单击"缩放"和"不透明度"属性前的"切换动画"按钮◎，插入这两个属性关键帧，如图 6-224 所示。将时间指示器移至 8 秒 17 帧位置，设置"缩放"为 200%，"不透明度"为 0%，如图 6-225 所示，完成标题文字动画的制作。

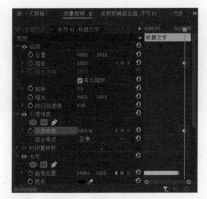

图 6-224　插入属性关键帧　　　　　图 6-225　设置属性值自动添加相应的关键帧

提示

在 8 秒至 8 秒 17 帧之间制作了标题文字逐渐消失的动画效果。

Step27 导入准备好的背景音乐，并将该背景音乐拖入"时间轴"面板的 A1 轨道中，如图 6-226 所示。选择 A1 轨道中的音频素材，单击工具箱中的"剃刀工具"按钮 ◈，将光标移至视频素材结束的位置，在音频素材上单击，将音频素材分割为两段，并将后面不需要的一段删除，如图 6-227 所示。

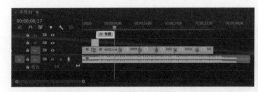
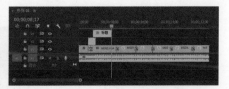

图 6-226　将音频素材拖入 A1 轨道中　　　图 6-227　分割音频素材并删除不需要的部分

Step28 在"效果"面板中的搜索栏中输入"指数淡化"，快速找到"指数淡化"效果，如图 6-228 所示。将"指数淡化"效果拖入 A1 轨道中的音频素材结束位置，为其应用该效果，如图 6-229 所示。

Step29 选择音频素材结尾添加的"指数淡化"效果，在"效果控件"面板中设置"持续时间"为 3 秒，如图 6-230 所示，此时的"时间轴"面板如图 6-231 所示。

Step30 选择"节目"监视器窗口，切换到"导出"选项卡中，设置输出的文件名称和位置，其他选项保持默认设置，如图 6-232 所示。单击"导出"按钮，即可按照设置将项目文件导出为相应的视频，如图 6-233 所示。

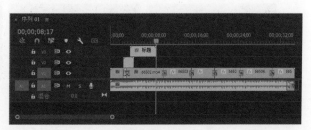

图 6-228　搜索"指数淡化"效果　　　图 6-229　将"指数淡化"效果拖至音频结束位置

图 6-230　设置"持续时间"选项

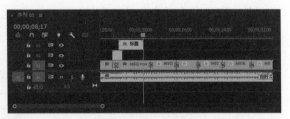

图 6-231　"时间轴"面板

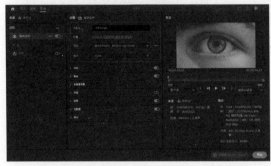

图 6-232　设置"导出设置"对话框

图 6-233　导出视频文件

Step31 至此，完成本任务运动短视频的制作和输出，可以使用视频播放器观看该运动短视频的效果，如图 6-234 所示。

图 6-234　观看运动短视频的最终效果

图 6-234　观看运动短视频的最终效果（续）

6.7　本章小结

完成本章内容的学习后，读者需要掌握 Premiere 的基本操作方法，在 Premiere 中为素材添加各种视频效果和视频过渡效果，以及字幕的添加和处理方法，灵活应用 Premiere 中的各种效果，能够制作出独一无二的短视频效果。

6.8　课后练习

完成本章内容的学习后，接下来通过课后练习，检测一下读者对本章内容的学习效果，同时加深读者对所学知识的理解。

一、选择题

1. 以下关于 Premiere 中工具面板的描述，说法错误的是？（　　　）

A. "项目"面板用于对素材进行导入和管理。

B. Premiere 中包含两个监视器窗口："节目"和"源"监视器窗口，主要用来预览和修剪素材。

C. 在"工具"面板中提供了多种可以对素材进行添加、分割、增加或删除关键帧等操作的工具。

D. 在"时间轴"面板中，用户可以按照时间顺序排列和连接各种素材，实现对素材的剪辑、插入、复制、粘贴等操作，也可以叠加图层、设置动画的关键帧及合成效果等。

2. 在 Premiere 中如果需要为两个素材添加转场效果，可以通过在素材之间添加什么来实现？（　　　）

A. 关键帧　　　　　B. 视频效果　　　　　C. 视频过渡效果　　　D. 动画效果

3. 完成项目文件的创建后，会自动切换到"编辑"选项卡中，首先需要在该项目文件中创建（　　　）。

　　A. 项目　　　　　　B. 视频　　　　　　　C. 音频　　　　　　　D. 序列

　　4. 在 Premiere 中使用（　　　），在素材上合适的位置单击，可以在单位的位置分割素材。

　　A. 外滑工具　　　　B. 内滑工具　　　　　C. 剃刀工具　　　　　D. 比率拉伸工具

　　5. 以下哪个效果不属于"效果控件"面板中对象的默认包含效果？（　　　）

　　A. 运动　　　　　　B. 不透明度　　　　　C. 时间重映射　　　　D. 文本

二、判断题

　　1. Premiere 是一款线性编辑软件，线性编辑软件的主要功能就是对素材进行剪辑操作。（　　　）

　　2. 通过在素材之间添加 Premiere 中内置的视频过渡效果所实现的转场属于有技巧转场。（　　　）

　　3. 在 Premiere 中可以同时选中多个需要导入的素材，将选中的多个素材同时导入到"项目"面板中，但是不能导入文件夹。（　　　）

　　4. 在"源"监视器窗口中设置素材的入点和出点，在"时间轴"面板中确定需要插入素材的位置，然后单击"源"监视器窗口中的"插入"按钮，将选取的素材插入到"时间轴"面板中，这种方法通常称为"三点编辑"。（　　　）

　　5. 在 Premiere 中，系统按照素材在"效果控件"面板中的视频效果从上至下的顺序进行应用，如果为素材应用了多个视频效果，需要注意视频效果在"效果控件"面板中的排列顺序，视频效果顺序不同，所产生的效果也会有所不同。（　　　）

三、操作题

　　根据本章所讲解的内容，运用所学的相关知识，自己使用手机或数码相机等拍摄日常生活中的视频素材片段，题材不限，最终使用 Premiere 软件对视频素材进行剪辑处理和短视频制作，并为短视频制作手写标题文字动画，完成一个完整的日常生活短视频的制作。